MANUEL

AVEC

CALENDRIER AGRICOLE ET HORTICOLE

DU

CULTIVATEUR ALGÉRIEN

Ouvrage fait d'après le programme de la
Société d'agriculture d'Alger, et en en ayant
obtenu un prix.

ET PUBLIÉ SOUS LE PATRONAGE

DU

COMICE AGRICOLE D'ALGER

PAR

Albert DARRU

INGÉNIEUR AGRICOLE

*Professeur d'agriculture
à l'école normale, membre de la Société d'agriculture, du
Comice agricole d'Alger et de plusieurs autres
sociétés; lauréat dans plusieurs concours et de plusieurs
sociétés, etc., etc.*

—

EN VENTE

CHEZ L'AUTEUR, Rue Rovigo, n° 39

ET CHEZ LES PRINCIPAUX LIBRAIRES

ALGER

1872

...nt les mânes d'Olivier de Serres,

AUTEUR DU THÉÂTRE D'AGRICULTURE,

et d'Auguste Bella,

FONDATEUR DE L'INSTITUT DE GRIGNON,

...spirer pour accomplir la tâche que...

...ntreprise.

ALBERT DARRU

PRÉFACE DE L'AUTEUR

La Société d'Agriculture d'Alger dont plusieurs membres ont déjà publié, il y a quelques années, un petit calendrier agricole, a voulu, en agrandissant le cadre de cette publication, ouvrir un concours, en proposant comme base un diminutif du genre du calendrier de M. Mathieu de Dombasle, mais applicable à l'Algérie.

L'Algérie est excessivement vaste, le calendrier pour le littoral algérien différera un peu de celui qui devra être suivi sur les plateaux de Boghar et Djelfa où l'hiver est plus froid et l'été plus chaud (1). L'ensemble du calendrier n'en sera pas moins juste ; mais, dans ces dernières localités, on devra activer les travaux au commencement de l'automne et du printemps, afin de ne pas être surpris par le froid ou la sécheresse.

Le programme de la Société d'Agriculture est très vaste, il comporterait des volumes, si le mot de calendrier ne venait expliquer le cadre dans lequel on doit se restreindre.

L'auteur a cru que l'agriculture n'excluait pas

---

(1) Voir le tableau des altitudes, page XXIII.

l'horticulture (jardin potager) et a étendu son travail à toutes ces branches.

Dans cet ouvrage j'ai cru devoir étendre le rôle des gravures (1) en m'appuyant sur cet axiome :
CE QUE LES YEUX ONT VU LA MÉMOIRE LE RETIENT. —
Ci-joint le programme que la Société d'Agriculture d'Alger a mis au concours

L'ouvrage sera divisé en deux parties : la première décrira pour chaque mois de l'année *les opérations agricoles, telles qu'elles doivent être suivies en Algérie : Préparation des différents sols ; confection des engrais,
fumures ; culture des plantes alimentaires et industrielles
avec ou sans irrigation ; des soins à donner au bétail ; viticulture et vinification ; sériciculture ; etc.*

La deuxième traitera : *De l'administration des exploitations rurales ; de l'emploi des instruments et machines
agricoles ; des irrigations ; des assolements pour les grandes
et les petites fermes, ainsi que pour les différents terrains,
de l'engraissement et de l'amélioration du bétail. Elle devra, en outre, présenter la comparaison entre les divers modes
de faire valoir et enfin citer quelques exemples bien choisis
des succès obtenus par des colons algériens.*

En suivant la division ci-dessus, nous cherche-
rons à être le plus bref possible pour rentrer dans
les vues du programme et traiter cependant toutes
les questions. Nous croyons néanmoins devoir parler de certains sujets non compris spécialement
dans le libellé ci-dessus, mais se rattachant à l'agri-

---

(1) L'atlas est publié à part.

culture, ainsi de l'horticulture, de la sylviculture, apiculture, etc.

Si, dans le cours de l'ouvrage, je m'appuie souvent sur l'autorité des écrivains français ou étrangers, c'est que la science et la théorie sont les mêmes en Europe et en Algérie, et il n'y a que le mode d'application qui diffère.

J'ai fait quelques retouches au manuscrit de 1867, qui avait obtenu une récompense de la Société d'agriculture d'Alger ; je prends la responsabilité de l'ouvrage et remercie le Comice agricole d'Alger qui m'en a facilité l'impression en en reconnaissant l'utilité, car le *Calendrier du cultivateur* manque aujourd'hui en Algérie.

Je demande toute l'indulgence du lecteur, et dussé-je, par ce *memento*, remplir une partie du but proposé : telle est la satisfaction que je cherche.

1re PARTIE

CALENDRIER AGRICOLE

Quelques fêtes étant, parmi les cultivateurs, comme points de repère, le calendrier de chaque mois paraît utile à mentionner en même temps que le temps moyen, le lever et le coucher du soleil, la durée des jours, toutes parties du calendrier grégorien ne variant que de quelques heures autour des dates fixes moyennes, qui sont mentionnées ci-dessous.

ÈRES ET ÉPOQUES

Année israélite.   5632-5633
Année chrétienne   1872
Année musulmane.   1288-1289

FÊTES LÉGALES

Ascension.
Assomption.
Toussaint.
Noël.

SAISONS

Le printemps commence le 20 mars. Équinoxe.
été   —   21 juin.
automne   —   22 septembre. Équi
hiver   —   22 décembre.

CANICULE

La canicule commence toujours le 24 juillet et finit le 26 août.

CALENDRIER

Le calendrier est toujours exact quant aux fêtes et en ce qui regarde le soleil. Il est cependant vrai qu'il existe des variations jusqu'à concurrence de deux minutes dans un mois entre le lever et le coucher du soleil ; mais, après une série d'années, les heures reviennent au tableau ci-joint qui est la moyenne entre les oscillations.

Ce calendrier ainsi établi permettra de se rendre compte des saisons, de la durée des jours, et n'en conserve pas moins un cachet historique.

La fête de PÂQUES se célèbre toujours le dimanche dans la pleine lune qui suit l'équinoxe ; elle change tous les ans. Toutes les fêtes qui doivent précéder ou suivre Pâques d'un certain nombre de jours, comme la Septuagésime, les cendres, l'Ascension, la Pentecôte, etc., doivent changer à proportion.

FÊTES MOBILES

Septuagésime.
Les Cendres.
Pâques.
Les Rogations.
Ascension.
Pentecôte.
Trinité.
Fête-Dieu.
1er Dimanche de l'Avent.

JANVIER

1ᵉʳ *Mois* NIVÔSE *Le Verseau*

Les jours croissent de 1 h. 3 m. soit environ 22 m. le matin et 41 le soir.

DATES	FÊTES	ÉPHÉMÉRIDES
1	CIRCONCISION	Premier jour de l'année.
2	s. Basile	Mort de Lavater 1801.
3	ste Geneviève	Patronne de Paris.
4	s. Rigobert	
5	s. Siméon.	
6	ÉPIPHANIE	Décret pour l'établissement d'un réseau complet de télégraphie électrique 185.
7	Noces	Mort de Fénelon 1715.
8	s. Lucien	Mort de Philibert Delorme 1670
9	s. Pierre, évêque	Mort de Galilée 1642.
10	s. Paul, ermite	Mort de Joseph Chénier 1811.
11	s. Théodose	Mort de Gérard, peintre 1837.
12	s. Arcade.	Mort de Fermat, mathématicien 166.
13	Baptême de N. S.	Lancement du premier bateau à vapeur sur la Clyde.
14	s. Hilaire	Loi relative à la propriété des ouvrages dramatiques 1791.
15	s. Maur	Création de 83 départements 1790.
16	s. Guillaume	
17	s. Antoine	Patrons des charcutiers.
18	G. de s. Pierre à R	
19	s. Slupice	Mort de Proudhon, écrivain, philosophe 1865.
20	s. Sébastien	PREMIER PLUVIOSE
21	ste Agnès	
22	s. Vincent	Patron des vignerons.
23	s. Hildefonse	Mort de William Pitt 1806.
24	s. Babylas	Fêtes des semailles — Paganales.
25	Conv. de s. Paul	
26	ste Paule	
27	s. Julien	Patrons des pauvres.
28	s. Charléma. *Sep.*	Baptême du sécateur dans les parties septentrionales de la culture de la vigne
29	s. Franç. de Sale	
30	ste Bathilde	Attentat Fieschi 1836.
31	ste Marcèle	

FÉVRIER

PLUVIÔSE — Les Poissons

Le jour a 1 h. 30 m. soit : environ 16 m. le matin et 14 m. le soir.

FÊTES	ÉPHÉMÉRIDES
Ignace	Mort de Luther 1546.
Purification	Synonime de la chandeleur, fête des crêpes.
Blaise	Abolition de l'esclavage 1794.
Gilbert	La Convention décrète la liberté des nègres 1794.
Agathe	
Izerne	Mort de Jacques Amyot 1593.
Jean de Matha	Patron des chrétiens esclaves en Algérie.
Arnauld	Bataille d'Eylau 1807.
Appoline	
Scolastique	Ouverture du port de Saïgon au commerce 1860.
Adolphe	
Grégoire	L'assemblée nationale abolit les ordres Religieux 1790.
Jean	Assassinat du duc de Berry 1820.
Valentin	Patrons des agriculteurs.
Faustin	Abolition de la torture par Louis XVI 1788.
Julienne	Mort de Fléchier 1710.
Théodule	Mort de Michel-Ange 1564.
Marian	
Siméon	Traité de Jaulnais avec Charette 1795.
Eucher	PREMIER VENTOSE.
Mérault	
Mathias	
Césaire	
Marcel	Chute de Louis Philippe 1848.
Fidèle	Naissance de Vaucanson 1709.
Aille	Suppression de la Gabelle 1793.
Honorine	Ouverture du Canal Saint-Denis 1821.
Gilbert	La télégraphie électrique est mise à la disposition du public 1851.
François	

DATES	FÊTES	ÉPHÉMÉRIDES
1	s. Aubin	Mort de Lamartine, 1869
2	s. Simplice	
3	s. Marin	
4	s. Casimir	Mort de Larochejaquelein, décen 1794
5	ste Colette	Suppression des fermiers gén.
6	s. Tho. d'Aq.	Mort de l'astrologue ibn Ezra
7	s. Jean-de-Dieu	
8	ste Françoise	
9	s. Blanchard	Deuxième coalition contre la France
10	s. Doctrine	
11	s. Euloge	Création de l'École polytechnique, 1795
12	s. Lubin	
13	ste Euphrasie	
14	s. Zacharie	
15	s. Ciriaque	Mort de Mathieu de la Drôme, 1861
16	ste Gertrude	
17	s. Patrice	Émancipation de Saint-Domingue
18	s. Alexandre	
19	s. Joseph	Patron des charpentiers et menuisiers
20	s. Joachim	
21	s. Benoît	Patron des Trappistes et Bénédictins
22	s. EMILE	PREMIER GERMINAL. — Mort de Goethe, 1832
23	s. Victorien	
24	s. Timothée	Cession à la France de la Savoie et de Nice, 1860
25	Annonciation	
26	s. Jean, évang.	Décret sur l'uniformité des poids et mesures, 1791
27	ste Dorothée	
28	s. Gontrand	
29	s. Eustache	
30	s. Simon, m.	
31	ste Balbine	Capitulation de Paris, 1814

AVRIL.

GERMINAL   *Le Taureau*

Jour de 1 h. 40 m. soit : environ de 57 m. le matin et 43 le soir.

	FÊTES	ÉPHÉMÉRIDES
1	s. Hugues	Mort de Tamerlan 1405.
2	s. François de P.	Mort de Richard Cobden 1865.
3	s. Richard	Par décret l'église Ste Geneviève devient le Panthéon des grands hommes 1791
4	s. Ambroise	
5	s. Edéze	
6	ste Prudence	
7	s. Amédée	Fondation du système métrique 1795.
8	s. ALBERT	Inauguration du pont de Kehl 1861.
9	ste Marie, égypt.	
10	ste Godeberte	
11	s. Léon	Établissement des omnibus à Paris 1828
12	s. Jules	
13	ste Babine	
14	s. Marcelin	
15	s. Tiburce	
16	s. Paterne	
17	s. Avicet	
18	s. Parfait	Mort de Benjamin Franklin 1790.
19	ste Théotime	Mort de Lord Byron 1824.
20	s. Théodore	Fête Pallilienne -pasteurs-
21	s. Anselme	PREMIER FLORÉAL
22	ste Opportune	
23	s. Georges	Patron de l'Angleterre
24	s. Léger	
25	s. Marc	
26	s. Clet	Fête des Rubigales -rouille des céréales.
27	s. Polycape	
28	s. Vital	Mort de Toussaint-Louverture 1803.
29	s. Robert	
30	s. Eutrope	Bill sur le paupérisme irlandais 1847.

Le premier : Lever du soleil 5 h. 41 m. Coucher 6 h. 21 m. — Le 15, Lever 5 h. 10 m. Coucher 6 h. 45 m.

Jours croissant de 1 h. 16 m. soit ; environ 33 m. le matin et ...

	FÊTES	ÉPHÉMÉRIDES
1	s. Philippe	Fondation de Grignon, 1828
2	s. Athanase	Mort de Meyerbeer, 1864
3	Invent. ste Croix	
4	ste Monique	Ouverture de l'assemblée constituante à Paris, 1848
5	Conv. de s. Aug.	Mort de Napoléon 1er, 1821
6	s. Jean P. L.	Jeux floraux à Rome et mort d'Alexandre de Humboldt, 1859
7	s. Stanislas	Proclamation de l'existence de l'Être suprême, 1794
8	ste Désirée	Abolition du divorce, 1816. Jeanne-d'Arc délivre Orléans
9	s. Grégoire	
10	Trans. s. Nicaise	
11	s. Gordien	Premier exemple d'un prêtre marié en France, 1792
12	s. Achille	NAISSANCE DE L'AUTEUR, ...
13	s. Pancrace	
14	s. Servais	
15	s. Isidore	Patron des laboureurs
16	s. Honoré	Patron des boulangers
17	s. Pascal	
18	s. Hildevert	Napoléon 1er empereur, 1804
19	s. Yves	Patron des avocats, advocatus sed non latro, hymne du jour
20	s. Bernadin	Patron des Trappistes et Bernardins
21	s. Hospice	PREMIER PRAIRIAL
22	ste Julie	
23	s. Didier	
24	s. Mamert	
25	s. Arthur	Départ de l'expédition d'Alger, 1830
26	ste Angèle	
27	s. Donatien	Etablissement des tribunaux de commerce, 1790
28	s. Urbain	Mort de Calvin, 1564
29	s. Maximin	
30	s. Ferdinand	Traité de la Trinité, 1837
31	ste Pétronille	Mort de Voltaire, 1778

PRAIRIAL

Les jours croissant de 4 m. le matin et 43 m. le soir ... [illegible]
... le matin depuis le 22. Ils croissent en tout de 15 m. ... [illegible]

FÊTES	ÉPHÉMÉRIDES
1 s. EMMANUEL	
2 s. Pothin	Décret qui enjoint aux curés de publier au prône les lois nouvelles. 1790.
3 ste. Clotilde	
4 s. Quadrat	
5 s. Boniface	
6 s. Claude, évêque	
7 s. Lié	
8 s. Médard	Pluie ou beau temps, pendant 40 jours, vieux proverbe. — Occup. de Milan 18...
9 s. Landri	Mort du maréchal Bugeaud 1849.
10 s. Barnabé	
11 ste. Olympe	
12 s. Félix	
13 s. Antoine de P.	
14 s. Ruffin	Débarquement en Algérie 1830.
15 s. Modeste	
16 s. Cyr	République du Pérou 1825.
17 s. Avit, abbé	
18 ste. Marine	Bataille de Waterloo 1815.
19 s. Gerv., s. Pr.	Découverte du Spitzberg 1596.
20 s. Sylvère	PREMIER MESSIDOR, serment du jeu de paume 1789.
21 s. Leufroi	
22 s. Paulin	Mort de Machiavel 1527.
23 s. Jacques	
24 Nat. de s. Jean B.	Feu de Saint-Jean, ... charretiers.
25 s. Prosper	
26 s. Baholein	Bombardement d'Alger par Louis XIV 1683.
27 s. Crescent	Machine de Marly (de Ville) 1682.
28 s. Loubert	Ancienne fête de l'agriculture en France.
29 s. Pierre et s. P.	Patron vénéré des laboureurs.
30 Com de s. Paul	

MESSIDOR

Les jours décroissent de 57 m. dans le mois, soit environ 31 m. le m. et 26 s.

FÊTES	ÉPHÉMÉRIDES
1 ste Éléonore	
2 Visite de N.-D.	Révolution du Carbonarisme à Naples 1820
3 s. Thierry	
4 ste Berthe	
5 ste Zoée	Prise d'Alger 1830.
6 s. Tranquille	Tunel sous la Tamise 1841
7 ste Aubierge	
8 s. Procope	
9 s. Cyrille, évêq.	
10 ste Félicité	
11 Tr. de s. Benoît	Décret proclamant que la patrie est en danger 1792.
12 s. Gualbert	
13 s. Eugène	Assassinat de Marat par Charlotte Corday 1793.
14 s. Bonavent. évêq.	Prise de la Bastille 1789.
15 s. Henri	
16 s. Eustache	Création de l'Ordre de la légion d'honneur 1804.
17 s. Alexis	Sacre de Charles VII à Reims 1429
18 s. Clair, évêque	
19 s. Vinc. de Paul	Synonyme de la Miséricorde.
20 ste Margue.	PREMIER THERMIDOR.
21 s. Victor	Patron des militaires
22 ste Madeleine	
23 s. Apollinaire	Mort de Herschell 1822.
24 ste Christine	JOURS CANICULAIRES
25 s. Christophe	
26 s. Pantaléon	Établissement des télégraphes 1793
27 s. Jacques le M.	Mort de Monge 1818.
28 ste Anne	Fête des menuisiers
29 ste Marthe	
30 s. Abdon	Mort de Robespierre 1794.
31 s. Germain l'A.	

THERMIDOR

FÊTES	ÉPHÉMÉRIDE
Ste Sophie	
S. Etienne, pape	
Ste Lydie,	Établissement du Conservatoire de musique, 1795.
S. Domini.	
S. Yvon	
Trans. de J.-C.	
S. Gaétan	Rétablissement des Jésuites 1814.
S. Justin	
S. Amour	
S. Laurent	
Ste Suzanne	Fondation de l'observatoire de Greenwich 1675.
Ste Claire	Ouverture du chemin de fer de Paris à Strasbourg 1852.
S. HYPPOLYTE	
S. Guérroi,	
ASSOMPTION	Fête de la Vierge.
S. Roch	
S. Mammès	
Ste Hélène	
S. Louis, évêque	PREMIER FRUCTIDOR
S. Bernard	
S. Privat	Fête des vinales rustiques.
S. Symphorien	
Ste Sidonie	Fête de la déesse Ops Consiva, semailles.
S. Barthélemy	Massacre de la St-Barthélemy.
S. Louis, roi	Fêtes des coiffeurs.
S. Zéphirin	FIN DES JOURS CANICULAIRES
S. Césarien	
S. Augustin	Patron de l'Afrique.
S. Médéric	
S. Fiacre	Patron des jardiniers.
S. Ovide	

OCTOBRE

VENDÉMIAIRE — Le Scorpion

Les jours décroissent de 1 h. 44 m. soit environ de 45 m. le m. et 55 m. le s.

	FÊTES	ÉPHÉMÉRIDES
1	s. Remi	Première séance de l'assemblée législative. 1791
2	ss. Angesgar	Mort d'Arago. 1853.
3	s. Denis	Premier patron de la France. — Indépendance de la Belgique. 1830.
4	s. François d'As.	
5	s. Constant	
6	s. Bruno	Patron des chartreux. — Érection de l'obélisque de Louqsor. 1826.
7	s. Serge	
8	s. Thaïs	
9	s. Cyprien	
10	s. Paulin	Citoyen citoyenne. 1792.
11	s. Gomer	Découverte de l'Amérique par Christophe Colomb. 1492.
12	ste Vilfride	
13	s. Edouard	Roi d'Angleterre.
14	s. Calliste	
15	ste Thérèse	Suppression de l'Ordre Saint-Louis 1792
16	s. Gal	
17	s. Cerbonnet	
18	s. Luc, évangé.	Fête des peintres.
19	s. Savinien	
20	s. Caprais	
21	ste Ursule	
22	s. Mellon	Révocation de l'édit de Nantes. 1685.
23	s. Hilarion	PREMIER BRUMAIRE.
24	s. Magloire	Dernier partage de la Pologne. 1795.
25	s. Crépin, e. G.	Patron des cordonniers. — Fondation de de l'institut des sciences et des arts. 1795
26	s. Rustique	
27	s. Frument	Entrée de Napoléon à Berlin. 1806.
28	s. Simon, s. Jude	
29	s. Faron	
30	s. Lucain	Fondation de l'école normale. 1794.
31	s. Quentin	Mort des Girondins. 1793.

NOVEMBRE

BRUMAIRE

Les jours décroissent de 1 h. 22 m. soit environ de 41 m. le m...

	FÊTES	ÉPHÉMÉRIDES
1	TOUSSAINT	Formation du directoire 1795
2	Trépassés	Adoption légale du système métr. 1801
3	s. Marcel	
4	s. Charles	
5	s. Zacharie	
6	s. Léonard	
7	s. Florent	
8	stes Reliques	
9	s. Mathurin	Ouverture du canal St-Quentin 1810
10	s. Juste	Naissance de Mahomet 570 né Luther 14..
11	s. Martin	Echéances rurales, été de la St-Martin
12	s. René	
13	s. Brice	Entrée de Napoléon à Vienne 1805
14	s. Bertrand	
15	s. Malo	
16	s. Aignan	Suppression de la Loterie en France 179.
17	ste Flore	Expédition de Blida 1830
18	s. Odon	
19	ste Elisabeth	Mort du peintre Nicolas Poussin 166.
20	s. Edmond	Mort de Vaucanson 1782
21	Présen. de N.-D.	
22	ste Cécile	PREMIER FRIMAIRE. — Patron des musiciens ; 1re Expérience des aérostats 178.
23	s. Clément	
24	s. Séverin	Découverte de l'Australie 1602
25	ste Catherine	Patronne des demoiselles
26	ste Geneviève	Expédition de Mascara 1835
27	s. Siméon	
28	s. Sosthène	
29	s. Saturnin	
30	s. André	

FÊTES	ÉPHÉMÉRIDES
Éloi	Patron des forgerons, serruriers, maréchaux.
Franç. Xavier	Patrons des missionnaires.
Barbe	Patron des artilleurs, mineurs, pompiers, — élèves ...
	Patron des Pèlerins en Palestine. Mort de Mozart 1791.
Nicolas	Patrons des écoliers. — Fêtes scolaires.
CONCEP.	Naissance de Marie Stuard 15..
	Mort de G. Washington 1799.
	Louis Napoléon élu président de la République 1848.
Daniel	
	Époque de la stagnation des ... Voir aux proverbes.
Nicaise	
Jean	
ADÉLAÏDE	
Olympe	Fête des Saturnales. — Création assignats 1789.
... évêq.	
Timothée	
Philogone	Mort de Sully 1641.
Thomas	Mort de Brocace 187..
Honorat	PREMIER NIVOSE. — Ordonnance ... salles d'asiles en France 1837.
Victoire	Soumission d'Abdel-Kader 1847.
A. Chine	Mort de Vasco de Gama 15..
NOEL	Explosion de la machine infernale ... la rue Sainte-Nicaise 1800.
Étienne	
Jean évang.	Cromwel est proclamé protecteur d'Angleterre 1653.
Innocents	
Trophime	Mort de Monthyon 1820.
Sabin	
Sylvestre	Patron de la fin d'année.

Altitude des principales localités de l'Algérie

Alger, foyer du phare	85
— porte du Sahel	113
— l'observatoire, à El-Biar	247
Aumale	850
Batna, place d'Armes	259
Biskra	125
Blidah, la Kasba	105
[illegible]	970
[illegible]	673
[illegible]	58
Bou-Saada	578
Constantine	644
Djelfa	1167
Fort-National, porte supérieure	951
Kôléah	104
Guelma	279
Laghouat	780
Mascara	686
Médéah, la place	920
Miliánah	740
Mostaganem, seuil de l'église	105
Oran	14 à 98
Orléansville	108
Relizane, la gare	68
Saint-Denis-du-Sig	54
Sétif	1085
Souk-Harras	680
Sahel-el-Haad	1161
Téniet	1083
Tizi-Ouzou	237
Tlemcen	816
Tougourt	51-69

(Extrait d'un tableau publié par
M. O. Mac-Carthy.)

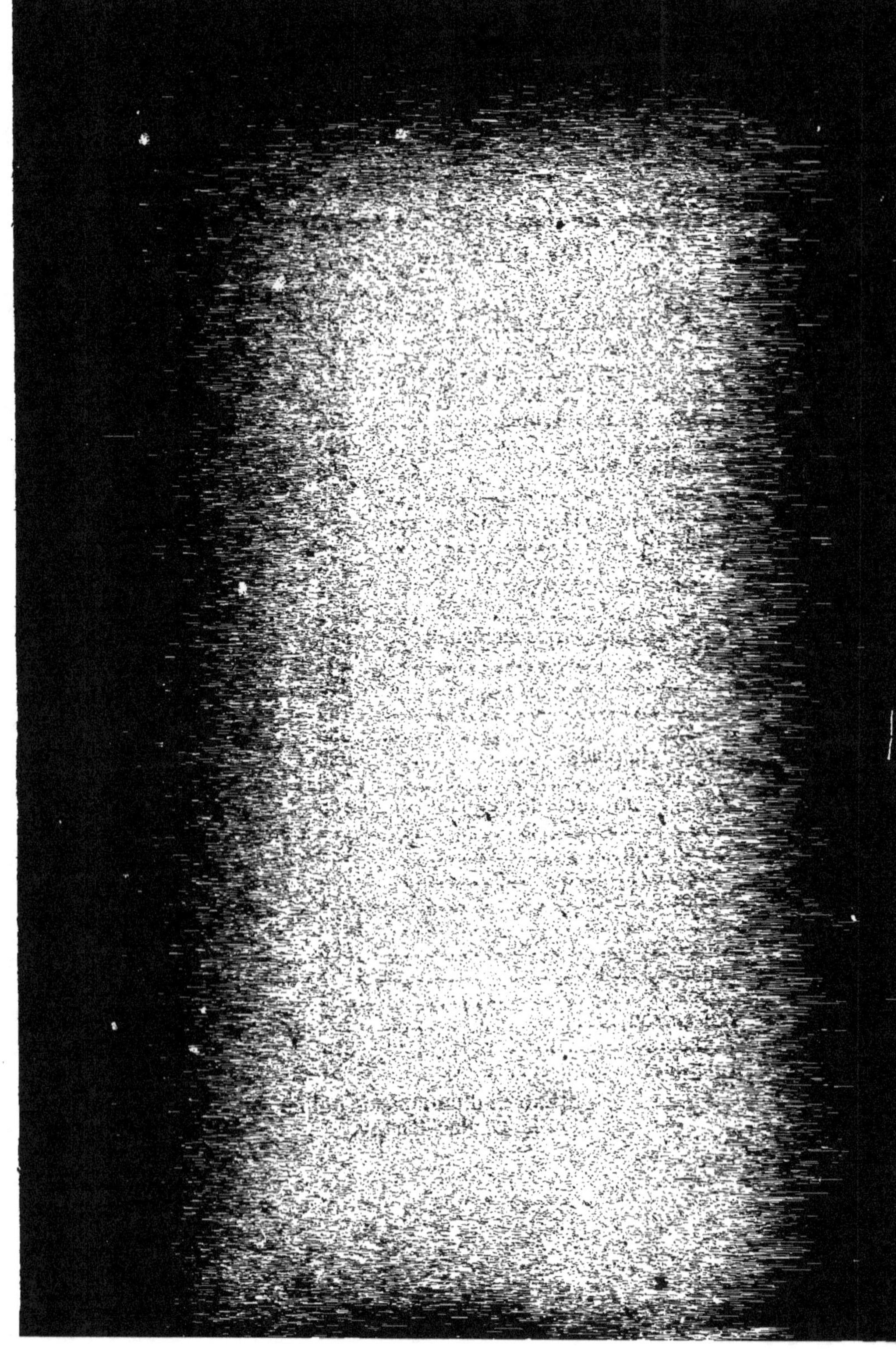

TRAVAUX MENSUELS DE JANVIER

Climatologie

Ce mois est généralement le plus froid de l'année : les chaines du petit Atlas se couvrent de neige et on commence à remplir les glacières pour alimenter les villes pendant l'été.

La sève commence vers la fin de ce mois à monter dans les végétaux ligneux.

Grande culture

Fin des semailles des céréales ; il ne convient dans ce mois que de terminer les pièces de terre commencées avant ; on changera de destination celles qui n'avaient pu être semées en temps opportun. — Sarclage des céréales. — Suite et fin du repiquage des colzas. — Suite et fin des semailles de lin pour graines ; semailles du lin pour filasse. — Fin des semailles de luzerne. — Faire les deuxièmes semis de tabacs. — Préparation des terres à mettre en tabac, maïs, pommes de terre de printemps, coton. — Manoquage des derniers tabacs. — On récolte encore quelque coton, mais de qualité inférieure. — On coupe en vert l'orge semée en octobre. — On commence à récolter des pommes de terre nouvelles, mais le rendement est peu considérable. — Sarclage de fèves, des colzas. — Récolte des navets.

Surveiller les raies d'écoulement dans les champs ensemencés. — Faire les fossés des routes, entretenir les chemins ruraux. — Transport des fumiers pour les cultures de printemps

Eaux et forêts

Fin de la coupe des bois. — Suite des transplantations. — Examiner avec soin les endroits que les eaux ravinent pour, au printemps, y faire de nombreuses plantations de saules et de peupliers. — Faire du charbon, des fagots. — Arroser et colmater les prairies ou les terres de plaine à semailles tardives de printemps.

Vigne

Fin de la taille de la vigne. — Première façon au sol. — Fin des plantations. — Soutirage des vins. — Fin de distillation des marcs. — Greffe de la vigne. — Ne pas négliger de mettre en petits cotterets les sarments de vignes; ils sont excellents pour le feu.

Orangerie

Surveiller les haies qui entourent l'orangerie pour les rénforcer dans leurs parties non défensives contre les vents qui font tomber les oranges. — On commence à nettoyer les orangers au fur et à mesure qu'on en cueille les fruits. — Si la saison est trop sèche on peut encore arroser les orangers ; les Arabes prétendent que les fruits tiennent plus longtemps. — Plantation des orangers. — On récolte oranges, citrons, bergamottes, cédrats.

Mûriers

Le mûrier multicaule commence à pousser. — Boutures. — Taille du mûrier blanc. — On ne taille pas ceux que l'on veut conserver pour l'éducation des vers à soie de l'année. Il est convenable de ne destiner les arbres à cette fourniture que tous les deux ans.

Animaux

C'est le moment où le vert nouveau arrive. —

Avoir soin d'en faire les premières distributions avec précaution pour éviter la diarrhée. — Tenir toujours bonne litière dans les étables et les jours de pluie donner à manger au ratelier. — Les animaux gras sont très chers parce que ceux qui viennent à cette époque n'ont pu être nourris qu'à l'étable. — On approche de la fin de l'aguelage naturel. — Les truies mettent bas. — Soins hygiéniques intelligents, car c'est le commencement de la mortalité chez les animaux abandonnés comme le font les Arabes. — Les vaches couvertes au pâturage donnent leurs veaux, aussi les veaux gras commencent-ils à arriver sur les marchés.

Les volailles vont recommencer à pondre. — Nettoyer le poulailler tout les dimanches.

Surveiller les ruches. — Donner au besoin à manger aux abeilles. — Bien garantir les ruches du froid et des animaux nuisibles tels que mulots, rats et souris. *(Voir le calendrier de l'apiculteur, par M. Bœnsch et publié par la Société d'agriculture d'Alger, dans son bulletin n° 11 et suivants.*

La flore commence à reparaître.

Les bœufs d'attelage, qui ont fini les travaux d'automne et qui ne sont pas à conserver pour une autre campagne, doivent être engraissés pour la vente et vendus avant que les animaux engraissés au pâturage n'arrivent en masse sur les marchés.

Potager

Semis de choux, cœur-de-bœufs, choux-fleurs, cavaliers, salades, tomates, etc.

Semis en place de carottes, navets, betteraves, pois.

Soigner les fraisiers et les aspergières, les tailler et les fumer, les replanter.

Planter aulx, échalottes, repiquer oignons, artichauts.

Profiter de la saison pour défoncer le jardin et

ne pas travailler lorsque la terre est trop mouil-
lée.

On a déjà des artichauts verts à manger, des
petits pois, des choux, pommes de terre nouvelles.

Jardin fruitier

C'est le moment de la plantation. — Tailler mo-
dérément les arbres en plein vent. — Badigeonner
avec de l'urine et de l'eau de chaux le tronc des
arbres mousseux. — On fait les boutures de figuiers. — Dépalisser, nettoyer et réparer le treil-
lage des espaliers, commencer la taille par les
arbres à floraison précoce. — Préparer les paillas-
sons-abris.

Pendant la taille, faire avec soin l'échenillage
qui est obligatoire par la loi du 28 avril 1832.

Fleuriste

Fin de la taille des rosiers. — Commencement
des violettes. — Surveiller la reprise des bordures vivaces et combler les vides. — Préparer les
bordures annuelles. — Jacinthes en fleurs. —
Plantes grasses de parterre également en fleurs.

Divers

Dans ce mois de morte saison pour les travaux
de ferme à cause des jours de pluie, on doit faire
blanchir à la chaux par le domestique au mois, les
logements du personnel, des animaux et les magasins. Cette précaution hygiénique préserve de
bien des maladies et des insectes nuisibles à la
conservation des denrées.

A la fin de chaque mois le maître doit avoir sa
comptabilité au courant, se rendre compte de ses
provisions et avoir son matériel en état. — Voir
pour plus amples détails, l'inventaire approximatif
du matériel forcé d'un cultivateur.

TRAVAUX MENSUELS DE FÉVRIER

Climatologie

Ce mois humide est marqué vers la fin par la végétation herbacée qui commence à prendre de la consistance. — Les nuits sont encore très-froides. — Époque des orages du printemps, quelquefois grêle.

Grande culture

On continue à préparer les terres pour maïs, tabac, coton, sorgho et toutes les autres cultures du printemps. — Sarclage des céréales, des lins d'hiver, tant par la main de l'homme que par la dent des moutons. — Sarclage et buttage des fèves, des colzas. — On arrache des navets semés à la volée à la première pluie d'automne. — Les choux cavaliers donnent des feuilles en abondance. — Bien soigner les semis de tabac. — Examiner ses graines de maïs, sorgho, coton. — On coupe de l'orge en vert. — Pommes de terre nouvelles, mais dont le rendement est faible. — On doit cesser d'envoyer (ce qui ne se faisait que dans les beaux jours) les animaux dans les prairies fauchables. — Fin du hersage des céréales. — On sème les carottes pour l'alimentation des animaux. — Plantation des pommes de terres de printemps, des pois et des haricots en terrain non irrigable.

Eaux et forêts

Fin de la taille, des semis et des plantations. — Continuation de la façon du charbon tant avec les bois abattus qu'avec les racines qu'on arrache. — Surveiller la marche des eaux. — Colmatage des prairies et des terres à ensemencement tardif de printemps. — Ne pas négliger de recueillir les eaux venant des vissages, des routes, pour en faire au moins déposer le limon.

Vigne

On fait encore quelques plantations en plaine, mais celles faites de bonne heure sont toujours préférables. — Travail du sol. — Greffage des vieux pieds.

Orangerie

Ce mois est identique au précédent et on continue à récolter les oranges, citrons, bergamottes. — Quelques fleurs se présentent vers la fin du mois.

Mûriers

Fin de la taille des mûriers, des oliviers. — Piochage de ces divers arbres. (Voir le mois précédent). — Plantations. — Semis.

Animaux

Mêmes soins hygiéniques que dans le mois précédent.

Les prix de vente ont encore généralement une tendance à la hausse, surtout pour les animaux de la race bovine. — C'est à cette époque que l'on doit pousser à l'engraissement les brebis ou moutons destinés à la vente — Mettre du sel gemme dans les mangeoires de la bergerie.

Potager

On peut faire toute espèce de semis et plantations dans les jardins. — Le mois de février, lorsqu'il est beau, est le signal du grand réveil de la végétation. — On commence vers la fin du mois à avoir des légumes verts (nouveau et de toute espèce. — Voir le mois précédent).

Jardin fruitier

A la fin de ce mois les amandiers, abricotiers, cerisiers, pommiers, pêchers, aubépines, entrent en fleur; les arbres originaires du midi de la France, ne font que montrer signe de vie, ainsi le grenadier. — Fin de la taille. — Palissage. — Vers la fin du mois on greffe tant en fente qu'en écusson à œil poussant. — Piochage du pied des arbres.

Fleuriste

Les fleurs commencent à paraître. — On greffe les rosiers. — Entretenir le jardin exempt de mauvaises herbes. — Fin des semailes de bordures, de gazons. — Bordures. (Voir le mois précédent).

Divers

(Voir le mois précédent).

Dans une grande ferme, même par les mauvais temps, on ne doit pas laisser les domestiques inactifs. On fait casser du bois, peindre les outils, badigeonner les chambres. — On profite de ces jours-là pour nettoyer les bergeries, préparer des échalas.

Le cultivateur doit commencer à préparer son inventaire, la clôture devant être faite le 31 mars; cette époque est suivant l'auteur la plus propice en Algérie pour cette opération; nous le démontrerons plus loin.

TRAVAUX MENSUELS DE MARS

Climatologie

La température commence à se radoucir ; il y a des gelées blanches ; il tombe quelquefois de la neige dans les premiers jours du mois, mais elle fond aussitôt qu'elle a touché le sol.

La végétation devient très-active et avec ce mois commencent les grands travaux du printemps.

Grande culture

Dans les terrains secs et non irrigables, on commence à planter tabac, maïs, quelquefois du coton, mais vers la fin du mois seulement, lentilles, poids et harricots pour graines ; fin des plantations de pommes de terre. — On sème carottes, betteraves, sarrasin.

Dans les terres irrigables, toutes ces cultures peuvent aussi se faire un mois plus tard et quelquefois même deux.

On herse et on roule, suivant les besoins, les céréales les dernières semées, les pommes de terre qui sortent, les derniers lins.

Les fèves sont en fleur. — Les premiers lins semés en nombre commencent à montrer quelques fleurs à la fin du mois.

Les fumiers que l'on doit appliquer en cette saison de l'année doivent être assez consommés, parce que la végétation active pourrait souffrir de l'application du fumier nouveau.

On commence les labours de jachère par les vieilles prairies, les terrains qu'on a défrichés l'hiver.

Si ce mois est trop sec et que les fourrages souffrent, on peut les arroser. On continue le piochage et le buttage des colzas.

Eaux et forêts

On doit aménager les eaux d'irrigation, nettoyer les rigoles, et dans les endroits qui ont le plus souffert de dégradations pendant l'hiver, on doit continuer d'y planter des boutures de saules et de peupliers.

Semis des arbres résineux. — Tansplantation. — Visiter les bois. — Extraction de la résine.

Surveiller les pépinières, les haies nouvelles et anciennes. — Piochages, binages, façons diverses.

Vigne

Travail du sol. — Apport des échalas, réparation des clôtures. — Soutirage des vins.

Orangerie

Les fruits commencent à diminuer et la floraison commence. On doit en cueillant les fruits comme en nettoyant les arbres, agir avec beaucoup de précautions pour ne pas faire tomber les fleurs.

On doit travailler le sol et refaire les rigoles des orangeries arrosables.

Fin des plantations, et autant que possible elles doivent être faites en mottes. — Quelquefois on en fait jusqu'en avril.

Mûriers et oliviers

Fin de la plantation et de la greffe. — Piochage des pieds. — Façons diverses.

Surveiller le mûrier multicaule dont les nouvelles feuilles servent pour la première éducation des vers à soie.

Animaux

Les juments commencent à pouliner et celles qui sont destinées à la reproduction pour l'année prochaine devront être menées à l'étalon du 8ᵉ au 9ᵉ jour après la mise bas ; les résultats sont plus sûrs et l'époque de la parturition arrive toujours dans le moment le plus favorable. -

On doit profiter du commencement des herbes pour sevrer (avec grande précaution) les veaux, agneaux, gorets.

On doit terminer les engraissements à l'étable, parce que, avec les herbes, les animaux engraissés dans les champs, viendront bientôt abonder sur les marchés.

Surveiller les animaux au pâturage surtout dans le mois suivant à cause des météorisations.

Visiter les ruches, les surveiller contre les oiseaux insectivores. — Ne plus les toucher, la ponte de la mère-abeille se faisant dans ce mois. (Voir le mois de janvier).

Potager

Tenir abrités les semis tardifs ou délicats, les gelées blanches, étant assez fortes pendant ce mois.

Dans ce mois on peut semer et planter dans le jardin tous les légumes. C'est le jardin du printemps qui commence, et les semis du jardin d'été que l'on a à faire.

Fin des semis d'asperges et plantation des fraisiers.

Patates, citrouilles, melons, pastèques, courges, igname. (semis)

Jardin fruitier

Surveiller les espaliers pour éborgner les bourgeons qu'on ne veut pas laisser développer.

Greffer les arbres à pépins sur sauvageons de cognassier qui se propagent avec une grande facilité. — Greffe en écusson à œil poussant. — Piochage et mise en état des jardins.

Fleuriste

On complète les jardins pendant ce mois. — On nettoie les allées. — Plantes et fleurs printannières telles que giroflées, pensées, violettes, etc., ornent les parterres. — On transplante les dahlias.

Ce mois est un des plus chargés pour les travaux du jardin d'agrément, aussi le jardinier peut-il tout essayer, car il a la première quinzaine d'avril pour remplacer ce qui aura manqué.

TRAVAUX MENSUELS D'AVRIL

Climatologie

La température se réchauffe et les gelées blanches sont moins à craindre que dans le mois dernier. — Le temps est encore très-humide et la pluie à tomber est à compter dans les prévisions.

Grande culture

On plante force tabac, maïs, sorgho, coton, plantes industrielles du printemps; dans les parties sèches surtout on ne doit pas laisser passer le mois sans avoir fini ces travaux.

Les céréales poussent avec grande vigueur mais souffrent quelquefois des hâles et de l'humidité; dans ce dernier cas le cultivateur a dû toujours assainir ses terrains par des rigoles d'écoulement pratiquées aux époques convenables.

Les orges coupées en vert antérieurement et qu'on veut conserver pour graines doivent être respectées à l'avenir. — Fin du sarclage des dernières céréales semées.

Le colza, le lin d'hiver sont en fleurs et donnent l'aspect de mer jaune ou bleue aux champs semés de ces plantes. — Ils commencent même à montrer la graine. — Binage des plantes semées le mois précédent. — Cette opération doit être faite aussitôt que les plantes ont 8 ou 10 centimètres hors de terre.

Sur la fin de ce mois, les prairies en terres légères, sèches, bien exposées commencent à ouvrir l'époque de la fauchaison. — Pour faire cette opération il faut que la floraison des plantes soit presqu'achevée ; on obtient alors du foin de première qualité en poids et en arôme.

La campagne des distillateurs s'ouvre par le geranium-rosa, la fleur de bigaradier (oranger sauvage) ainsi que ses feuilles.

Continuer les travaux de jachère, enfouissage d'engrais vert pour les plantations du printemps.

Eaux et forêts

Les eaux commenceront le mois prochain à être utilisées pour les arrosages, il convient donc, dès à présent, de visiter les canaux d'irrigation et de rendre compte par la quantité de pluie tombée l'hiver, par la neige qui est sur les montagnes, si la saison d'arrosage sera longue et de ne pas faire plus de culture que ne le comporte l'eau dont on suppute, par avance, la quantité à utiliser.

Les forêts poussent depuis le mois dernier, et comme il y a de forts coups de vent en cette saison, on devra surveiller si des arbres ne sont pas abattus afin de les débarder de suite. — Grand soin et direction des pépinières.

Vigne

On ébourgeonne la vigne dans les localités où elle pousse trop de bois, mais dans cette opération on respecte toujours les fruits. — On doit surveiller l'apparition de l'altise pour la combattre avant ses nombreux ravages.

La vigne est en fleur et de la douceur de la saison dépend un peu la vendange. — C'est le moment de placer les échalas dans les vignes.

Orangerie

Les fruits ont abandonné presque tous les arbres. — Les bigaradiers plus résistants ont encore leurs pommes d'or.

La floraison des arbres de cette catégorie ayant lieu à cette époque, on comprend pourquoi dans les orangeries ordinaires le bail doit stipuler que la récolte des oranges sera finie au 15 avril, parce que l'avenir de la récolte suivante serait compromis.

Il est vrai que plus ces fruits restent sur l'arbre plus ils sont agréables, sucrés et d'un goût parfait. Mais, dans l'intérêt de l'avenir, il convient de récolter le présent.

Mûriers et oliviers

Les greffes d'oliviers qu'on a commencées vers la fin du mois dernier si la saison le permettait, sont poussées avec vigueur pendant ce mois.

Le mûrier dont la végétation a apparu fin mars va commencer à servir de nourriture aux vers à soie.

Animaux

Les juments qui ont pouliné le mois dernier peuvent commencer à travailler, mais le lait est encore nouveau ; il faudra avoir soin de ne pas laisser têter le poulain de suite après le travail de la mère. Il convient que la mère et son lait reposent un instant. — Ne pas mettre les animaux de trop bonne heure dans les pâturages.

Les vaches abandonnées dans les troupeaux recherchent le taureau. Il faudra avec grand soin surveiller la saillie afin que des taureaux méchants ou jaloux ne viennent battre les autres, les éventrer ou même simplement les empêcher de remplir leurs fonctions.

Les animaux engraissés dans les pâturages commencent à venir; il convient donc de terminer les engraissements où l'étable joue un rôle quelconque.

L'époque la plus favorable pour la castration des animaux est la sortie de la saison froide.

Les volailles seront l'objet en cette saison de grands soins hygiéniques. C'est la bonne époque pour commencer les couvées pour les avoir terminées à la fin de mai.

Les abeilles commencent à essaimer vers le milieu du mois; il convient de les surveiller pour recueillir les essaims C'est donc le moment de constituer son rucher, de le compléter, de marier les essaims afin de rester dans les idées du principe *qu'une ruche n'est jamais trop peuplée*, que plus elle est peuplée plus elle prospère, tandis qu'une faible périt souvent la première année.

(Voir calendrier de l'apiculteur par M. Bœnsch).

La flore de l'Algérie arrivant à son développement complet dans ce mois, il convient d'en profiter. Les abeilles d'un côté, les volailles (poules, canards, dindons, pintades), d'un autre, ne doivent pas être oubliées des cultivateurs.

Potager

Dans le mois dernier ont commencé les forts travaux du potager.

Les fraises commencent à donner. — Les nèfles du Japon mûrissent.

On sème, on repique, on bine beaucoup de légumes tant en terrain sec qu'en terrain soumis à l'arrosage. Ainsi les choux plantés en cette saison donnent pour la fin de l'été de belles têtes servant à faire de la choucroute ; il est à remarquer que les choux pommés non forcés par la culture se conservent longtemps sur pied, et tout le commencement de l'hiver on consommera des choux plantés en avril. — On sème melons, courges, potirons, pastèques, tomates, piments, concombres, aubergines, toutes plantes demandant de l'eau pour prospérer. — Les harricots en terrain sec peuvent encore se faire, mais il faut choisir certaines variétés, tandis qu'à l'arrosage ils sont assurés. — On repique patates. — On transplante les œilletons d'artichaut. — On mange des asperges.

En résumé, dans un jardin irrigable, on peut semer, planter, repiquer toute espèce de légumes dans le courant de ce mois.

Les arrosages doivent se faire de préférence le matin, parce que les arrosages du soir refroidissent trop la terre pendant la nuit.

Jardin fruitier.

Les arbres à fruits, à noyaux et à pépins, poussent avec vigueur : c'est le moment de leur appliquer le palissage et la taille en vert.

Les fraises commencent à donner. — Les nèfles du Japon mûrissent.

Fleuriste

C'est le mois où le jardin apparaît avec son nouveau manteau de végétation. — La floraison est abondante, et on sème, repique, plante encore toutes sortes d'arbustes et plantes d'ornement et d'utilité.

Floraison de l'iris, du lilas, de la boule de neige, du cerfeuil, de la tulipe, de l'asphodèle, de l'arbre de Judée, de l'aubépine, du genêt, etc.

On sème des bordures de giroflée de Mahon, pieds d'alouette, balsamine naine, scabieuse, capucines, liserons, belles de nuit.

— On plante dahlias, œillets, fraisiers des quatre saisons, chrysanthèmes….

— On coupe le gazon des parterres. — On nettoie les allées et on en rechange même le sable

Les roses nouvelles appraissent, les fuchsias prennent de la vigueur, les camélias prennent fin, etc.…

Divers

C'est le premier avril que se fait l'inventaire époque de l'année de morte saison, courte, il est vrai, mais aussi époque où il n'y a que des travaux en terre sans qu'on puisse supputer des récoltes ou devoir faire des estimations hasardeuses. De grands travaux recommencent avec ce mois, et les récoltes dépendent de la saison à venir. Un chapitre spécial traitera cette question.

Quelquefois le mois d'avril est très-pluvieux, c'est donc le moment de rentrer tous les outils des travaux d'hiver, les soigner, les peindre avec du coaltar d'abord et de la peinture ensuite si la couleur marron clair ne plaît pas. On doit dans ce mois vérifier l'état des instruments de culture et de rentrée des récoltes.

On comble les ornières, on finit l'entretien des routes, on surveille avec soin les endroits où les haies ne poussent pas suffisamment, on les dirige..

On prépare les claies de parcs pour les animaux qui vont bientôt coucher hors des écuries.

TRAVAUX MENSUELS DE MAI

Climatologie

Le mois de mai porte véritablement bien son nom de *joli mois de mai*; la végétation est active, il y a beaucoup de fleurs, la température est douce dans la journée quoique encore humide pendant la nuit.

L'alimentation de l'homme et des animaux est variée en herbes, fruits, grains, etc.

Grande culture

Par les dernières pluies, on peut encore planter ou semer haricots, coton, maïs, sorgho, bechena dans les terres sèches; mais dans les terres arrosables on peut, pour ces cultures, les faire jusqu'en juin.

Le tabac ne se répique plus qu'en terre irriguable. Cette plante donne des produits meilleurs en terrains secs mais moindres en quantité.

Le foin est mûr dans ce mois; on le récolte. Cette opération doit se faire avec grand soin, le soleil brûlant rapidement l'herbe coupée. Le fanage ne se pratique que dans les prairies très-fournies. On se contente de réunir deux andains en un seul, deux jours après la fauchaison, et deux jours après, on fait des vieillotes qui, trois ou quatre jours après, doivent être mises en meulons de 10 à 25 quintaux qui, eux-mêmes, après un mois au plus, pour donner le temps au foin de ressuer, doivent être transformés en meule définitive. Si, pour un motif quelconque, on devait laisser le foin en meulons dans les champs, les meulons devraient être de 25 à 30 quintaux au moins.

On arrache les fèves, les pois, et il convient de les transporter de suite sur l'aire pour les battre, à les rentrer en magasin, l'humidité leur faisant perdre de leur qualité.

On bine et on butte les betteraves, carottes, pommes de terre de printemps, le maïs, le sorgho semés en mars ou avril. Le buttoir Dombasle est employé avec avantage pour cette opération, ou pour les tabacs. On écime les tabacs plantés de bonne heure en terrains secs.

Le lin se récolte dans le courant de ce mois; celui pour filasse le premier et doit être arraché lorsque la graine même tourne du blanc au brun. On évitera que le soleil ne brûle cette plante qui deviendrait alors cassante. La graine mûrira quand même quoique ne devenant pas aussi belle. Le lin arraché est mis debout dans les champs en gros tas et en bottes, et est rentré quelques jours après, sur l'aire.

On commence la récolte des colzas qui sont battus de suite dans les champs.

On surveille avec grand soin la sortie des cotonniers pour remplacer les manques, briser la croûte qui les resserre au pied, les éclaircir et les biner aussitôt que leur état le permettra.

Quelquefois on coupe de l'orge et de l'avoine vers le 25 mai, c'est lorsque les céréales ont été ensemencées de bonne heure.

Préparer l'aire à battre, vérifier les machines à battre.

On continue les labours de jachère que l'on pousse avec activité, les attelages n'étant pas occupés.

Eaux et Forêts

La saison des irrigations est commencée, on doit aller avec prudence afin de ne pas noyer les terres.

On doit arroser les luzernières aussitôt après la coupe, afin qu'elles profitent vite. Dans certains pays on arrose la luzerne huit jours avant de la couper, de sorte que le foin enlevé, la terre n'est pas si vite séchée et fendue par l'action du soleil.

Pour les plantes sarclées, on doit procéder par petits arrosages, car c'est de l'humidité que l'on cherche à procurer aux plantes et non pas à les noyer.

Piocher les plantations de l'année.

Vigne

La vigne pousse avec vigueur, les grappes se dessinent.

On devra profiter du moment du piochage pour éborgner les yeux qui se développent trop.

On place les échalas et on s'apprête à palisser suivant la forme qu'on veut donner.

On doit le matin rechercher les altises pour les détruire, ainsi que les chenilles.

Ecimage et pincement suivant les besoins.

Soufrer la vigne aux moindres traces d'oïdium.

Orangerie

Les orangers sont en pleine fleur, les fruits ont disparu.

On doit piocher les pieds, fumer au pied, nettoyer le sol, préparer les rigoles d'irrigation, enlever le bois mort, donner de l'air dans l'intérieur de l'arbre, surveiller les haies qui entourent l'orangerie : voilà les soins que réclame ce genre de plantation.

Quelquefois à la fin du mois on a récolté les petits chinois.

Mûriers et oliviers

La feuille du mûrier qui n'a pas été taillé cette

année sert à la nourriture des vers à soie. Aussitôt qu'un arbre se trouve dépouillé de ses feuilles, il convient de le tailler.

Les mûriers entrent en fructification.

L'olivier se développe et on doit surveiller la reprise des greffes que certaines personnes pratiquent encore pendant ce mois.

Soufrer les mûriers malades au moyen du réchaud figuré dans l'Atlas.

Animaux

Les animaux engraissés au pâturage arrivent sur les marchés.

Les animaux nés pendant l'hiver se développent rapidement.

On tond les moutons ; l'habitude est de couper la laine en suint, mais si l'on avait de l'eau, il serait préférable de laver la laine à dos et alors d'attendre pour la tonte jusqu'au commencement du mois suivant. Ne pas oublier de remarquer les animaux après la tonte. (Conformation).

Souvent, les animaux de travail, tels que les chevaux et les bœufs sont surexcités par le vert qui devient très-nourrissant ; dans ce cas il est prudent parfois de les faire saigner ; on peut également les mettre à la diète et leur donner une purge de sel de nitre frisé dans le son.

Vers à soie

Voir *Sériciculture.*

Abeilles

La flore commence à disparaître, et cependant les essaims sortent encore, mais il vaut mieux renforcer des ruches que de les laisser trop se diviser ; pour cela on marie de petits essaims ensemble ou on agrandit d'un casier les ruches habitées, si on voit que, malgré la sortie d'un premier essaim, un deuxième est près de se montrer.

Volailles

Epoque de grande ponte, couvées de toutes natures, les petits viendront quand il y aura encore de l'herbe et la grenaille arrivera ensuite.

Potager

Pendant ce mois le jardin potager doit être entièrement garni ; on ne doit pas consommer de légumes secs ; la variété de légumes verts est complète.

On doit dans les jardins irrigables, faire quelques semis de légumes qui se planteront dans six semaines et feront des légumes verts à la fin de la saison.

Les petits pois, les fèves, quelques haricots se récoltent déjà en sec.

On plante forcé melons, pastèques, citrouilles, potirons et autres cucurbitacées.

Les travaux de piochage, buttage, arrosage dans le jardin, sont donc considérables en ce mois.

Asperges, artichauts, haricots, pois verts et secs, choux pommés, choux-fleurs, fraises, salades, oignons, etc. (récolte)

Jardin fruitier

Les fruits à pépins et à noyaux grossissent. On a même quelquefois des abricots au commencement du mois : généralement ils n'arrivent qu'à la fin.

Les premiers fruits sont les fraises qui ont commencé le mois passé, les mûres, quelques cerises.

Fleuriste

Le jardin est en pleine floraison : jacinthes, tulipes, iris, renoncules, lis, sureau, rosier, pavot, pois de senteur. C'est le plus beau mois de l'année avec celui de juin.

Divers.

Le cultivateur doit avoir vérifié ses outils de moisson, ses moyens de transport, son matériel de battage et de nettoyage des grains. Les magasins doivent avoir été blanchis avec de l'eau de chaux chlorurée, et si besoin est, avant d'y entrer les récoltes, on y brûle des bâtons de soufre, en prenant les précautions voulues contre l'incendie.

TRAVAUX MENSUELS DE JUIN

Climatologie

Les chaleurs commencent ; les pluies vont manquer jusqu'en octobre. On aura cependant quelques orages qui ne seront que de courte durée. Les rosées commencent à être abondantes et semblent remplacer la pluie qui fait défaut.

Grande culture

Le moment des récoltes commence ; dans les années sèches, on peut dire

Jamais mai
Sans épi de blé
Coupé

Mais généralement on ne coupe les blés qu'en juin et les orges et avoines d'automne sont commencées fin mai.

L'avoine se coupe un peu verte,
L'orge ayant maturité,
Le blé tendre avant complète maturité,
Le blé dur le plus mûr possible.

Fin des fauchages des prairies humides, maréca-
geuses qui sont de qualité très-secondaire.

Les pommes de terre de fin d'hiver se récoltent
en même temps que les premières céréales. Cependant on peut les laisser en terre sans qu'elles
souffrent, afin de presser la récolte des céréales.

Quelquefois la main-d'œuvre pour la moisson,
qui est généralement fournie par les Arabes de la
montagne ou les Kabyles (comme en France, où
les Bretons qui viennent faire la moisson aux environs de Paris concourent avec les Flamands, ou
bien les Espagnols des frontières qui viennent
moissonner dans le Béarn et les pays basques)
vient à manquer ; on doit avoir recours aux machines à moissonner qui dans les derniers concours
(Fouilleuse et Vincennes) ont obtenu des récompenses dignes des perfectionnements qu'on y a
apportés. (Angleterre).

La moisson varie de 20 à 30 fr. l'hectare coupé,
lié, mis en diziaux ou douziaux, suivant qu'il s'agit
d'orge ou de blé.

Les céréales coupées doivent être mises en gerbes le lendemain ; en diziaux le surlendemain,
transportées après, et en meules ensuite. Les céréales gagnent en meules et ne doivent pas être
rentrées par le brouillard ou la rosée.

On pioche et on butte les cotons et on ménage
des rigoles dans ceux soumis à l'arrosage.

On continue d'écimer et d'ébourgeonner les tabacs. Dans le Sahel on commence déjà à couper
du tabac vers la fin du mois.

Le maïs se butte avec le buttoir Dombasle.

Rentrée du foin en grande meule, n'opérer que
par le temps sec et pas le matin si le brouillard ou
la rosée sont intenses.

Vers la fin du mois, on plante des haricots, des
pommes de terre à l'arrosage pour les récolter fin
septembre ou octobre, et on les considère comme

plantes alimentaires en économie rurale.

Battage des lins, tant ceux récoltés pour la paille que ceux récoltés pour la graine. Dans le premier cas on doit battre au tonneau ou au peigne; dans le second cas on peut battre à la machine ou au rouleau.

Eaux et forêts

On a dû, aux mois d'avril et de mai, estimer la quantité d'eau présumée dont on pourra disposer en été et par conséquent on a dû régler ses cultures d'arrosage sur ce quantum supputé d'eau. Il vaut mieux en être avare que prodigue, surtout à cette époque.

Vigne

On finit le piochage de la vigne dont la végétation va devenir tellement forte qu'on ne pourra plus y entrer.

On doit soufrer aussitôt que des traces d'oïdium apparaissent ; même, le soufre n'étant pas cher, il convient de soufrer quand même.

C'est le matin que se cache l'altise, à laquelle on doit faire une guerre acharnée ; on la ramasse en la faisant tomber dans des sacs *ad hoc* et entonnoirs.

Orangerie

Surveiller les jeunes plantations.

Les oranges amères servent à faire de bonnes boissons.

Les citrons des quatre saisons sont appréciés à cette époque

Mûriers et oliviers

Pendant ce mois et le suivant, on ne donne que des soins généraux à ces arbres. On finit de tailler les mûriers dont les feuilles ont servi à l'éducation des vers à soie.

Les olives commencent à paraître.

Animaux

La chaleur va commencer à fatiguer les animaux. Il convient qu'ils ne boivent que de l'eau fraîche, devrait-on même s'imposer une dépense un peu forte ; de là dépend la santé du bétail.

Les animaux sont très-bien au parcage, mais si l'on a un endroit abrité à midi pour les mettre à l'ombre, la chaleur les fatigue moins.

Les animaux pâturant doivent commencer leur alimentation par les prairies, et le pâturage sur les chaumes ne doit venir qu'après, vers le soir. Il y a de graves inconvénients qui se traduisent par l'inflammation du feuillet et la mort chez les ruminants lorsque ces animaux ont mangé une grande quantité d'épis ou même de grains secs.

Les animaux engraissés au pâturage sont à bon marché. Les maigres sont assez rares pendant ce mois et n'ont aucune valeur, de sorte que tous les animaux sont à bas prix ; il convient donc, au cultivateur intelligent ayant des prairies et de l'eau, de commencer ses achats.

Les animaux de trait se trouvent bien de l'administration du son frisé.

Fin de la tonte des moutons. — Avoir du goudron pour mettre sur les plaies.

Les abeilles nous donnent leurs produits pendant ce mois. Le miel fin est terminé avec la fin des fleurs des prairies naturelles, de sorte qu'on doit l'enlever en bon père de famille, c'est-à-dire ne pas dépouiller complètement le rucher de son approvisionnement.

On finit d'enlever le duvet aux oies et aux canards.

Potager

Le potager est garni, quelques légumes montent à graines. Dans les jardins où on dispose d'un peu d'eau, l'aspect général ne varie pas et l'alimentation pendant les chaleurs demande des légumes verts.

On plante encore, mais pour être tenus à l'arrosage, des melons, pastèques, potirons.

On repique de même les semis de légumes faits le mois précédent.

Jardin fruitier.

Les arbres à fruit à noyaux ont commencé à fournir des fruits le mois dernier et pendant ce mois on continue d'en manger.

Les arbres à fruits à pepins commencent à donner leurs produits.

Les bananes arrivent pour durer jusqu'au froid.

Le ricin donne sa graine qui est employé en pharmacie pour son principe oléagineux.

Fleuriste.

Les premières fleurs du printemps sont desséchées, ainsi les bulbifères ; mais les résédas s'épanouissent, tandis que les rosiers, giroflés, œillets, dahlias, géranium, belle de nuit, balsamines, pavots, immortelles (trop peu cultivées) sont en pleine floraison ainsi que beaucoup de plantes grasses. Centaurée très-abondante.

Divers.

Les précautions hygiéniques sont à prendre pour l'homme comme pour les animaux. Le moment de la moisson et du battage est très-fatiguant ; aussi le maître doit-il redoubler de surveillance pour assurer l'exécution des mesures d'ordre et d'hygiène.

TRAVAUX MENSUELS DE JUILLET

Climatologie

Les chaleurs deviennent très fortes ; l'humidité dans l'air diminue ; le sirocco se fait sentir ; les incendies sont à redouter ; les fièvres paludéennes commencent à se faire sentir ; les précautions hygiéniques doivent être plus grandes qu'à toute autre époque.

Grande culture

Ce mois est rempli par les récoltes de toute nature et par la sécheresse qui vient arrêter la végétation.

Fin de la récolte des céréales et de leur rentrée sur l'aire. — Fin de l'arrachage des pommes de terre de printemps.

Quelques tabacs ont été coupés le mois précédent, on en coupe plus encore ce mois-ci, et, dans les pays d'irrigation, on arrose après la coupe pour faire une deuxième récolte.

Dans les terrains secs le maïs commence à mûrir.

Labours de déchaumage, de jachère, de préparation pour les semis de colzas et de navets à faire fin septembre.

Fin du battage des colzas, lins, — continuation du battage des céréales, — fin de la construction des meules de foins de première coupe.

Arrosage des maïs, tabacs, cotons, sorgho, prairies, pommes de terre d'été.

Écimage du coton, tabac, maïs, — ébourgeonnage du tabac, — soufrage et plâtrage des cotons attaqués par le perceron. — Arrosage des prairies

irriguées tous les dix jours environ. — On coupe
du fourrage vert de sorgho, de maïs, betteraves,
carottes, feuilles de patates.

Eaux et forêts

Pendant cette saison très-chaude on doit faire
attention que l'eau courre partout et ne séjourne
nulle part, à cause des exhalaisons malsaines des
eaux en stagnation. — Ménager les eaux d'arrosage et tenir les canaux d'irrigation en bon état.
— Les forêts sont à surveiller pour éviter les chances d'incendie.

Vigne

Le raisin tourne (c'est-à-dire qu'il commence à
mûrir). — Dans le commencement du mois on peut
encore soufrer — Effeuiller les vignes trop garnies de feuilles, mais opérer avec prudence. —
Commencer la garde contre les chacals et les merles. — Préparer les celliers et les outils pour la
vendange. — On commence à manger des raisins
frais.

Orangerie

Surveiller les abris autour de l'orangerie, — arroser les orangers, — deux petits arrosages valent
mieux qu'un grand, — les citrons recommencent.

Mûriers et oliviers

Le mûrier donne beaucoup d'ombrage et n'a pas
d'autre usage en ce moment de l'année.
Le fruit de l'olivier commence à se nouer.

Potager

On commence à récolter les graines des légumes de printemps.
Les melons, pastèques, citrouilles deviennent

de dimensions plus belles et de qualité meilleure lorsqu'on soumet les plantes à l'écimage. — On commence à avoir des cornichons.

Dans les jardins arrosés on sèmera, on plantera salades, choux-fleurs, radis...

On finit de récolter ail et oignon.

On récolte tomates, haricots verts et secs, choux pommés, aubergines, salades de chicorée et laitue.

Dans les jardins bien tenus on ne doit pas craindre, l'été, que les plantes se garantissent un peu mutuellement.

En terrain irrigable on peut faire tous légumes.

Jardin fruitier

Les arbres fruitiers à noyaux finissent de donner leurs fruits ; ceux à pepin commencent un peu avant la vigne et dureront près de deux mois.

Les fraises, framboises continuent ; les prunelles vont commencer.

C'est le mois où l'on doit faire les confitures d'abricots, prunes, pêches, etc.

Les grenades se forment.

Fleuristes

Les jardins commencent à être secs, c'est à ce moment de l'année que l'on reconnaît l'utilité des arbres verts.

On a encore des roses, œillets, géraniums, dahlias, jasmins, lauriers-roses, glaïeuls.

Animaux

Mêmes précautions à prendre que dans le mois précédent. — Les animaux doivent être mis à l'abri des rayons du soleil de neuf heures et demie à deux heures, moment où une brise fraîche vient généralement tempérer la chaleur du jour. — Eau fraîche pour boire.

Les bestiaux gras sont abondants.

On commence à comprendre la nécessité de planter des cactus que les animaux mangent volontiers lorsqu'ils sont écrasés et qui les rafraichissent. C'est le cactus *opuntia inermis* qui est à cultiver. Les bêtes bovines en sont aussi friandes. Il demande un terrain sablonneux, et peut, par conséquent, venir dans les sols arides. Dans les pays montagneux secs, cette plante rendrait de grands services. (Chevriers maltais.)

Les abeilles travaillent pour remplacer ce qu'on leur a pris, les préserver des ennemis, c'est à cette époque de l'année que l'on comprend la nécessité d'abriter les ruchers.

L'époque des couvées pour les volailles est passée. Les petits seraient trop difficiles à élever dans la saison sèche.

Récolter le duvet.

Divers

Le fumier réclame tous les soins du cultivateur ; il doit être recouvert de boues ou curures de fossés ; on doit l'arroser avec un liquide peu chargé afin de ne pas accélérer sa fermentation et cependant il faut le tenir humide pour qu'il ne prenne pas le blanc.

Les précautions hygiéniques pour l'homme et les animaux sont à prendre : nous les mentionnerons dans un chapitre spécial.

Les battages se font au pied des animaux seuls, au rouleau attelé, aux machines à battre mues par un manège ou par la vapeur ; les machines battent simplement ou même battent et vannent.

Dans les petites exploitations, le cultivateur doit battre au rouleau attelé, mais dans les moyennes et grandes exploitations, on doit battre à la machine manège battant et vannant.

La machine Damey mettant le grain en sac a fait

ses preuves en Algérie et a mérité en France, à son constructeur, les plus grandes et les plus belles récompenses qu'on puisse obtenir.

TRAVAUX MENSUELS D'AOUT

Climatologie

Ce mois le plus chaud de l'année dans lequel on a quelques orages, presque toujours du sirocco, ne montre de végétation que dans les parties arrosées ; mais alors sous la double influence de la chaleur et de l'humidité, les terrains riches d'engrais donnent une végétation luxuriante.

Les incendies sont à redouter, car par le vent du désert et avec des matières sèches un grand espace se trouve embrasé.

Grande culture

Fin du battage des céréales. — Fin de la construction des meules de pailles. — Couverture des meules.

Récolte du maïs et du tabac faits à l'arrosage. — On choisit les pieds de tabac pour graines. — Dépiquage du maïs. — Pendaison du tabac. — Emmanoquage du tabac sec au séchoir.

Vers la fin du mois, les Arabes commencent à noyer des terres pour y semer des navets à manger en automne.

Le coton fleurit et montre ses capsules.

Le maïs et le sorgho sucré sont excellents comme fourrage vert ; ils commencent à devenir durs et si on les faisait passer dans un hache-paille on obtiendrait un meilleur résultat.

Le ricin mûrit ses graines qu'il convient de récolter avant complète maturité parce que quelques variétés s'égrennent toutes seules.

C'est dans le courant de ce mois qu'il convient de planter les boutures de cactus, qui tant comme abri qu'aussi en vue de nourriture pour les animaux ne doit pas être dédaigné.

On prépare son terrain pour les semis de colza à repiquer en automne.

Dans les endroits abrités, les Espagnols plantent dans les chaumes des lignes de pois, de pommes de terre, mais ils fument avec du fumier frais. On aura de cette manière des primeurs à l'automne.

La terre ne pouvant se travailler que difficilement, on fait ses transports.

Eaux et forêts

Pendant ce mois et le suivant, les puits ont leurs plus basses eaux ; c'est donc le moment de les nettoyer et même de les creuser s'il en est besoin.

Dans les montagnes, les Arabes recommencent à faire du charbon.

Surveiller les forêts, entretenir les routes larges et sans herbe sèche.

On comprend pourquoi dans ce pays on ne doit pas faire de dépôt de produits secs, tels que fagots et bois de corde dans les forêts.

Soin des pépinières.

Plantation des arbres verts par le procédé Sivadier.

Vigne

Le raisin commence à abonder et durera près de trois mois. Pour la consommation d'Alger, les raisins de Dellys et de Kabylie approvisionnent le marché.

C'est dans ce mois que se fait la vendange. Com-

me le sirocco est à craindre, beaucoup de vigne-
rons se hâtent de terminer cette opération.

On peut considérer cette pratique comme nuisible, le vin conservant toujours de l'âpreté ; il est
préférable de récolter un peu mûr plutôt qu'un
peu vert. (*Voir viticulture et vinification.*)

La vendange finie, on pourra mettre les moutons dans la vigne, mais on se gardera bien d'y
laisser pénétrer les chèvres.

Orangerie

Soins d'irrigation et d'abri comme les mois précédents. — On greffe à œil dormant.

Mûriers et oliviers

Le mûrier est comme arbre d'agrément ; il fournit de l'ombre et, si on peut l'arroser seulement
un peu, les feuilles persisteront jusqu'au commencement de l'hiver, malgré le sirocco.

L'olivier plus rustique voit ses fruits grossir.

Animaux

Ce mois-ci et le mois suivant, les animaux souffrent de la chaleur ; il convient de ne pas les faire
travailler en plein midi ; il est préférable de commencer plus tôt le matin et de finir plus tard le
soir, afin de rester à l'abri pendant le moment le
plus chaud.

Pour les animaux au pâturage il en sera de
même, mais si le matin il y a de trop de rosée, il
conviendra d'attendre qu'elle soit en partie dis-
parue. Mais le soir, on laissera les troupeaux le
plus tard possible au pâturage.

C'est le moment d'acheter à bon marché les animaux qui viennent des pays montagneux, secs,
manquant de pâturages : ils sont souvent gros et
même très-gras ; aussi, est-ce une très-bonne épo-

que pour l'exportation en France.

On peut recommencer à engraisser des cochons pour les livrer à la consommation au premier octobre.

Potager

Avec de l'eau d'arrosage on a un jardin qui se renouvelle continuellement, mais les fruits de la saison sont : melons, citrouilles, pastèques, potirons, concombres, aubergines, tomates, etc.

On récolte la graine de betteraves, de carotte, d'asperge.

On doit semer des choux-cavaliers qui prospèrent beaucoup dans ces pays, ils forment une grande ressource fourragère dans les moyennes exploitations.

Jardin fruitier

Les fruits nouveaux commencent ; ainsi raisins, bananes, figues douces et figues de Barbarie. — Les fruits à noyaux disparaissent.

Les greffes à œil dormant, surtout sur les arbres à fruits à pepins sont faites avec grandes probabilités de succès. Quelques-unes même poussent à la sève d'août ; on les traite alors comme si on avait affaire à des greffes à œil-poussant.

Les fraises des quatre-saisons donnent de nouveau.

Veiller à la destruction des insectes qui attaquent les arbres et les fruits mûrs.

Semer, à mesure que les fruits sont consommés, les noyaux de cerise, de pêche, de prunes, d'abricots.

Fleuristes

La sécheresse a brûlé les jardins, mais le basilic, la balzamine, le laurier-rose, des œillets, certaines roses, le cassis, le jasmin, quelques dahlias, quelques plantes grasses embellissent encore les jardins. Les reines-marguerites montrent leurs boutons, en revanche on continue à récolter des graines.

Divers

Le cultivateur doit surveiller ses magasins, ses silos ; il doit préparer les outils de labour, choisir ses semences, établir son budget de denrées en magasins pour semer, consommer et vendre ; il doit préparer ses attelages nouveaux et les dresser avec des vieux.

TRAVAUX MENSUELS DE SEPTEMBRE

Climatologie

Les chaleurs, quoique diminuant, n'en sont pas moins très-fatigantes. La terre est sèche et, malgré quelques orages, les émanations de la terre ne sont pas encore salubres. Quelques brouillards ; rosées assez abondantes.

Grande culture

On finit la récolte de maïs. — On bat et rentre les foins.

On fait la deuxième coupe de tabac. — On manoque la première et on commence à vendre.

Préparation des deuxièmes semis de colza pour repiquer fin octobre et novembre.

Les betteraves dans les localités où le sol est frais, où même on a pu arroser, reprennent un peu de verdure, et on les arrachera aux premières pluies du mois prochain.

La luzerne à l'arrosage donnera sa quatrième coupe de fourrage sec dans la première quinzaine.

Le coton courte-soie mûrit, le longue-soie commence seulement à ouvrir quelques capsules. Il convient de récolter avec soin le coton au fur et à mesure qu'il mûrit et de ne pas mélanger les qualités. — On écime et pince tous les cotons afin de refouler la sève et hâter la maturité.

Récolte du sorgho, du béchena. — Les Arabes ne coupent que la panicule pour faire plus facilement le battage et conservent le reste comme paturage sur pied.

La méthode arabe engendre quelquefois des inconvénients pour les labours ultérieurs ; mais le paturage par les bœufs avant le labour y remédie.

Profiter d'une pluie pour semer de l'orge comme fourrage vert, des navets, des vesces et pois gris, qui viendront en aide à la nourriture du bétail ; les navets dès le mois de novembre et l'orge en décembre.

On plantera des pois et des pommes de terre, pour en manger fin novembre et décembre.

Récolte des feuilles de patate et des patates, récolte des potirons. — Préparation des terres pour les fèves.

On ne portera les fumiers dans les champs qu'au fur et à mesure qu'on pourra labourer. Le soleil les brûle trop encore.

Vérifier ses charrues, ses attelages, ses semences.

29 septembre, saint Michel : faire les baux à ferme. *Sortie et entrée.*

Eaux et forêts

On ne se sert guère plus des eaux d'arrosage.— Pour les prairies, il convient même d'arroser la nuit. — On arrose quelquefois des terrains afin de pouvoir labourer. — Récolte de quelques graines forestières. — Récolte des feuillards si la provision de foin n'est pas assez abondante.

On fait déjà des fagots. — On commence à faire du charbon.

La hampe de l'agave est bonne à couper; on s'en sert pour faire de petits abris, des doublures de caisses légères.

Vigne

Fin de la vendange. — Surveillance active contre les chacals, les merles.

Il faut que le cellier soit frais, bien aéré; ne décuver que lorsque le chapeau est redescendu (Voir *Vinification*).

Conserver les marcs pour distiller ou pour donner aux moutons d'engrais pendant l'hiver.

On peut mettre les moutons dans les vignes mais aucun autre animal (*pratique de la plaine de l'Hérault*).

On marque avec des ficelles de couleur les bons et les mauvais plants, afin de pouvoir reconnaître les sujets à greffer, à propager, etc.

Bonne boisson de piquette de marc de raisin.

Orangerie

Les citrons verts commencent à abonder; les oranges ne font que commencer à tourner.

On arrose les orangeries; on examine les arbres qui souffrent, les qualités de fruits que chacun d'eux donne; on greffe en écusson à œil dormant.

Mûriers et oliviers

Les olives commencent vers la fin du mois à être bonnes à saler; elles ne sont pas encore assez mûres pour faire de l'huile

Examiner avec soin les oliviers qui ont les meilleurs fruits, les variétés qui conviennent le mieux à la localité.

Animaux

C'est le moment où le colon doit faire ses derniers achats : il doit compléter ses attelages et les essayer ; les troupeaux d'engrais d'hiver doivent être formés de nouveau.

Les animaux doivent rentrer aux premières pluies pour ne plus coucher dehors.

Ne pas encore donner trop de nourriture sèche dedans ; les animaux deviendraient paresseux au pâturage. — Bien utiliser tous les regains sur pied ; laisser les troupeaux le plus tard possible le soir dans les champs et ne les faire sortir le matin que quand la rosée est dissipée. Ne pas laisser boire d'eau chaude.

On a commencé à engraisser les porcs, mais on n'en tue pas encore. Les glands commencent ; les troupeaux peuvent être envoyés à la glandée.

Quelques personnes font une deuxième récolte de miel : la faire avec beaucoup de circonspection. — Il est préférable de laisser une forte provision à la ruche, plutôt que de compter sur une nouvelle moisson de sa part.

Les fleurs n'existent plus que dans les jardins ou marais. Le cultivateur intelligent pourra semer dans quelque endroits privilégiés des plantes spéciales. Mais les abeilles butinent aussi sur les fruits tels que raisins, figues, figues de barbarie.

Avant que les froids n'arrivent, il convient de passer en revue toutes les ruches, ne pas en laisser subsister de faibles, les marier plutôt, et, comme l'activité des abeilles va diminuer, on pourra, au commencement du mois, fermer quelques ouvertures.

Potager

En jardin arrosable, les légumes de toutes natures n'ont pas encore manqué.

Grande récolte de cucurbitacées. Laisser bien mûrir les patates. Ne les effeuiller que quelques jours avant l'arrachage qui a lieu à la fin du mois.

Fin des tomates, aubergines, ail, échalottes, courges, melons, pastèques, concombres.

Diminuer les arrosages, les faire de préférence le soir.

Les artichauts plantés au printemps rapportent des têtes.

Confection de la choucroute avec les choux pommés du printemps.

Récolte de la graine d'asperges.

Jardin fruitier

Les arbres à fruits à pépins donnent encore. — Les bananes sont abondantes dans le mois suivant. — Grenades, figues, jujubes, figues de barbarie. — Faire de la confiture de coings. — Conserver les écorces de grenades.

On récolte l'*alk-kange (physalis)* qui est un fruit très-sain et avec lequel on fait d'excellentes confitures.

Fleuristes

Les jardins et parterres commencent à être dégarnis, s'ils ne sont tenus à l'arrosage.

Les dahlias, reines-marguerites, balsamines, belles-de-nuit, laurier rose, immortelles, cactus, jasmins, safran, sauge arborescente, romarin, datura, etc., réjouissent encore la vue.

Ne pas se coucher à l'ombre des lauriers-roses (*datura stramonium*); l'odeur de leurs feuilles est pernicieuse.

On récolte beaucoup le calice des daturas pour les pharmacie.

Les lilas reverdissent.

Surveiller la maturité et la récolte des graines que l'on veut conserver.

On met en place les oignons à fleurs, des anémones, crocus, glaïeuls, iris, muguet, etc..., qui doivent fleurir dans les beaux-jours de décembre et janvier, pour continuer après.

Semis de campanules, roses trémières, œillets de poëte, etc.

On éclate les plantes vivaces à tiges persistantes, les violettes, les primevères, etc.

Divers

Nettoyer les fossés des routes, réparer les chemins avant les pluies, faire ses provisions de bois (fagots et gros bois) pour l'hiver.

Établir son budget, semences, consommations, paille et foin, provision de ménage pour l'hiver.

Restaurer les bâtiments avant l'hiver.

TRAVAUX MENSUELS D'OCTOBRE

Climatologie

La grande sécheresse de l'été se trouve tempérée par les pluies qui commencent et la vie paraît revenir chez certaines plantes. C'est le signal du réveil de la charrue. Quelquefois, les grosses pluies se font attendre, comme en 1859, on n'a pu commencer à labourer que le 20 novembre ; il faut alors que le cultivateur soit prêt à commencer aussitôt que le temps le permettra.

Le soleil est encore chaud ; les nuits sont fraîches ; les brouillards souvent très-forts, surtout dans les plaines. — Les précautions hygiéniques à prendre sont encore importantes jusqu'après les premières grandes pluies.

Grande culture

Le 29 septembre était la fin des baux à ferme, nous sommes donc à l'époque de la rentrée en ferme.

Fin de la deuxième récolte du tabac ; le pendre le plus clair possible dans les hangars aérés. — Manoquage et vente.

Fin des battages des maïs, sorghos à balai, à sucre, bechena.

Le coton courte soie est en pleine récolte, celui longue soie n'a fait que commencer à la fin du mois dernier : il convient de ne pas mélanger les qualités pendant la récolte pour ne pas déclasser le bon. — Faire sécher le coton après sa cueillette avant de le mettre en magasin.

Labours pour les semailles. — Ménager l'écoulement des eaux.

Semer fèves, orges, vesces, avoines, puis les blés après (les meilleures semailles de blé se font en novembre).

Il convient de semer les avoines de bonne heure, parce que le siroco de juin est à redouter et comme on peut couper avant complète maturité elle est alors récoltée vers le 20 ou 25 mai, si on sème l'avoine après le blé elle mûrira alors en juin et sera sujette à être battue sur pied.

On bine les pommes de terre plantées à la fin du mois dernier ; on en plante encore d'autres.

On plante le colza ; celui de l'automne est préférable à celui du printemps (février).

Aux premières pluies, on a dû semer les fourrages verts avant toute autre semaille ; on leur aura choisi les terres les plus chaudes et, au besoin, on aura fumé le terrain.

Transport des fumiers sur les terres, mais par les beaux jours seulement, pour les cultures d'automne qui en demandent.

Eaux et forêts

On surveillera le bon entretien des canaux d'écoulement parce que les premières pluies sont généralement abondantes.

On fait fagots, charbons. — On surveille les pépinières

On plante les arbres résineux avant l'hiver. Cette méthode est conseillée pour assurer la reprise de tous les arbres verts.

Vigne.

Les raisins abondent sur les marchés, quoique la vendange soit finie (voir le mois dernier).

On prépare son terrain pour les plantations de vigne en novembre et décembre.

Les moutons finissent de manger les feuilles. Ils mangent alors l'herbe, s'il y en a.

Surveiller son cellier (Voir *Viticulture et Vinification*).

Orangerie

Les arbres sont couverts d'oranges, de citrons. On arrose les orangeries pour faire grossir les fruits et même les faire tenir sur l'arbre. — C'est le moment de commencer la garde des fruits.

Mûriers et oliviers.

La feuille du mûrier blanc commence à sécher et à tomber.

Les olives sont généralement mûres. On les ramasse pour faire l'huile. On a soin de ne pas les laisser s'échauffer en tas; c'est au détriment de la qualité et de la quantité d'huile, la fermentation détruisant les acides gras. On porte les olives au moulin en s'entendant par avance avec le fabricant. Les étourneaux qui arrivent sont gourmands de ce fruit ; donc garder son olivette.

Animaux

Les animaux de travail renchérissent ; les troupeaux doivent être formés, les arrivages des pays d'élevage sont interrompus par les pluies et les travaux jusqu'au mois d'avril ; les approvisionnements des villes ne se font donc que dans un cercle assez restreint autour de ces villes. La viande augmente en prix et commence à diminuer en graisse, jusqu'à ce que les engraissements d'étables arrivent (décembre).

Le premier vert qui pousse est purgatif pour les animaux ; avoir soin de leur donner un peu de foin sec à l'étable, et toujours de la paille.

Fin du parcage des animaux, qui sont mieux maintenant dans les écuries que dehors pendant les nuits fraîches et froides.

Engraissement du porc ; on commence à en tuer.

Deuxième portée des truies.

Potager

Dans les jardins tenus à l'arrosage, aucun légume ne manque encore. On renouvelle les salades ; on plante les oignons qui poussent pour les manger en vert au printemps ; on repique quelques oignons de semis ; on prépare son jardinage d'hiver: pois, fèves, radis, persil etc., plantations des griffes d'asperge et on fait des semis de graines vers la fin du mois.

On fait encore de la choucroute avec les bons choux pommés plantés au printemps. Il convient de la saler dans ce pays. L'auteur de ce petit

travail en a fait en 1862 et les gourmets l'ont trou-
vée délicieuse. Dans les fermes, il est bon d'en
faire un peu.

On récolte aubergines, patates, citrouilles à conserver.

Jardin fruitier

Les fruits commencent à disparaître ; il reste le
raisin, les pommes, les poires, les oranges, les
grenades, les figues de barbarie. On fait les trous
des arbres pour les plantations ultérieures.

Fleuriste

La flore de ce mois est encore assez complète :
on a le tabac, coton, dahlia, caroubier, girofle,
sauge arborescente, mimosa, jasmin, reine mar-
guerite, héliotrope, géranium, narcisse, roses, volubilis, clématite, aster, deuxième floraison de
chèvre-feuille.

Divers

Le cultivateur doit être prêt à commencer tous
les travaux de culture ; il finit les récoltes de la
saison passée, de sorte que le fermier entrant ne
gêne pas le fermier sortant — (Le guide des baux
à ferme pour l'Algérie paraîtra bientôt).

TRAVAUX MENSUELS DE NOVEMBRE

Climatologie

Le temps se rafraîchit, les pluies abondantes faci-
litent les travaux ; la température descend rarement
au point de ne pouvoir travailler, on cite cependant de rares exemples de neige dans ce mois.

Cette climatalogie est faite pour le littoral algérien jusqu'à la chaîne du petit Atlas.

L'été de la St-Martin est proverbial en France ;
il existe aussi dans ce pays. C'est le moment le plus
fort des semailles et autre travaux de la terre.

Grande culture

Ce mois est celui des semailles des céréales et
particulièrement du blé, plantation de colza, semis
de luzerne, vesces et fèves ; c'est le mois le plus
occupé pour les cultivateurs.

Suite de la récolte du coton, du manoquage du
tabac, de la cueillette des olives.

Des essais de pavots à opium ont très-bien
réussi chez l'auteur, mais dans des terrains assez
riches, profonds, plutôt légers que forts et très-
meubles : ils étaient semés en place et en ligne : ils
ont fleuris avant les blés.

Plantation des boutures de géranium à raison
de 55 à 60,000 pieds à l'hectare, les lignes à 60
centimètres et les pieds à 25 ou 30 centimètres sur
la ligne.

Surveiller les fourrages verts semés précédemment : les choux cavaliers ne craignent pas le froid
et poussent toujours.

Faire des semis de tabac pour les plantations
précoces du printemps en terrain non arrosable.

Défrichement des prairies sur lesquelles on sème
avantageusement du blé ou de l'avoine.

Les céréales faites sur les cotons, maïs, tabacs,
culture sarclées, fumier, jachères labourées, n'au-
ront besoin que d'un seul labour sur lequel on
sèmera et hersera ; dans tous les autres cas il convient de donner deux labours croisés après lesquels
on sèmera — Avoir toujours soin de tenir les raies
d'écoulement propres.

C'est le moment de semer les lins pour graines
sur les terres bien préparées et propres.

On commence à récolter des navets, pour les animaux, topinambours.

Récolte des pommes de terre d'été et de celles faites à l'arrosage.

Eaux et forêts

Les eaux sont plus à craindre qu'à utiliser.

On commence à couper les bois, tailler les arbres — on fait force fagots et charbons

On peut encore planter quelques arbres résineux si l'hiver n'est pas avancé. (Voir le mois précédent).

On peut planter boutures de peupliers, osiers, saules quoique le mois de février soit préférable, on surveille les pépinières.

L'auteur a fait des expériences sur l'huile et la graisse du lentisque; il est arrivé à des résultats satisfaisants qui feront l'objet d'un travail spécial.

Vignes

Le raisin commence à devenir rare si l'hiver est rigoureux; mais, en 1866, les Kabyles en ont encore apporté presque tout le mois, (*Voir le mois précédent*).

Une bonne pratique est de déchausser les pieds de vignes, tant pour détruire les petites racines, que pour faire mourir les insectes qui se cachent au collet de la plante. Enlever les échalas, *cela ne veut pas dire que toutes les vignes soient échalassées, c'est au contraire l'exception.*

Orangerie

Comme pour le mois précédent Les fruits sont encore plus abondants, mais ils laissent encore à désirer pour leur douceur.

Mûriers et oliviers

Fin de la récolte des olives greffées, Il en reste

encore un peu, mais cela dépend de la rigueur de
la saison.

Les feuilles de mûriers tombent: si l'hiver se
fait sentir et que l'on ait beaucoup de ces arbres,
on peut dès lors, commencer la taille de ceux qui
ne sont pas destinés à l'éducation des vers à soie
de l'année suivante.

Les branchages de mûriers sont excellents pour
faire des petites clôtures de jardin, secs, ils font de
de très-bons cotterets.

Les boutures de mûriers se font au commencement du printemps.

Animaux

Les animaux gras commencent à être rares sur
les marchés. Les cultivateurs intelligents, qui ont
de la nourriture à donner à l'étable, vendent leur
marchandise à des prix très-rémunérateurs.

On prépare des volailles grasses pour les fêtes.

Abeilles, grande surveillance contre les animaux
nuisibles, les dégâts que les premières pluies auraient pu occasionner. Les fleurs sont très-rares et
cependant par les belles journées, les abeilles sortent pour butiner le romarin qui recommence à
fleurir, l'églantier, les oranges; c'est au cultivateur
intelligent de penser à la saison d'hiver.

Si des ruchées deviennent trop faibles, les marier avec soin constitue une opération nécessaire.

Potager

On finit de récolter les légumes d'été, tels que
betteraves, vieux choux, haricots, aubergines, cé-
leris, tomates, salades, etc... Les jeunes arti-
chauds paraissent ainsi que les asperges nouvelles, les petits pois. — Les champignons des prés
se montrent aux beaux jours — Les choux-fleurs
qui ont végété l'été, donnent leur tête presque

tout l'hiver, en même temps que les feuilles sont
une précieuse ressource pour les animaux des
jardiniers.

On peut planter oil, échalottes, mais il est préférable d'attendre le mois de février.

On repique choux, salades, dans les jardins per-
manents, car, même aux environs d'Ager, il y a
des jardins qui ne donnent du rapport que d'avril
en novembre, le restant de l'année il fait trop
froid par rapport à la terre et à l'exposition.

Plantation des asperges — on fait tout semis de
plantes ménagères, quelques pois michaud.

Jardin fruitier.

Les oranges, arbouses, bananes, fruits à pépins
conservés dans un fruitier, grenades, sont les
fruits de la saison.

On se prépare pour les plantations à la fin de
l'hiver.

Les dattes commencent à arriver de l'intérieur ;
elles sont encore un peu âpre

Le néflier du Japon commence à fleurir.

Fleuriste.

Les jardins bien placés sont verdoyants, même
s'ils ne sont pas arrosés. Une visite dans des jardins sur la côte de Kouba, près Alger, à fin novembre, m'a montré en fleurs: roses, plumbago, nar-
cisses, néflier du Japon, géranium, giroflés, daturas, jasmin jaune, pervenches, chrysanthêmes,
morelle, héliotrope, sauge arborescente qui, à
Alger, est en fleur toute l'année, accacia de Cons-
tantinople, mimosa, clematite, volubilis...

Néanmoins on plante, on sème, on fait des boutures de presque toutes les plantes de jardin, et
le jardinier nettoie ses bordures, ses haies, ses
plates-bandes; il a beaucoup à faire, tant pour

entretenir, couper les fleurs fanées et préparer les fleurs de printemps.

Divers.

Le mois de novembre généralement beau est rempli par les travaux de la terre, la température est agréable, les soins hygiéniques sont plus faciles à suivre ; les matinées et les soirées sont très-fraîches, il faut y faire attention, pour les animaux comme pour soi.

Pendant les jours de pluie on emploie les ouvriers à nettoyer, à casser du bois, aux travaux de l'intérieur, aux routes. Surveiller les écoulements des eaux.

Les étrangers arrivent pour jouir du climat de l'Algérie pendant une saison.

TRAVAUX MENSUELS DE DÉCEMBRE

Climatologie

Ce mois est très-variable en Algérie et quelquefois très-beau. On doit, dans ce mois, avancer sinon terminer toutes les semailles d'automne et d'hiver, car le mois de janvier est souvent peu propice et les terres sont trop humides.

Le temps se refroidit, la neige couvre souvent l'Atlas.

La végétation reparaît sur le littoral qui est vert, l'herbe repousse, mais la végétation des arbres est en repos.

Grande culture

A la Noël les blés doivent être finis de semer, il convient mieux de semer de l'orge s'il reste du terrain pour des céréales que de continuer le blé.

On continue les semailles de lin pour graine, on prépare les terres pour le lin à filasse.

Fin des bonnes plantations de colza, en année moyenne.

On sème encore des fourrages verts tels que vesces, féverolles; on finit les bonnes semailles de luzerne.

On récolte navets ; on coupe en vert de l'orge, de l'avoine, choux cavaliers; le vert de colza est à donner avec précaution.

Le vert est encore trop tendre, il faut le donner mélangé avec un peu de paille sèche; il est bon de ne le couper qu'après la rosée et de laisser un peu faner.

Défrichement des vieilles prairies, landes, luzernières.

Eaux et forêts

Faire les coupes de bois — fagots et charbon.

On a fini de planter les arbres résineux — on plante les arbres à feuilles caduques, c'est dans ce mois et avant la sève montante que les plantations doivent être faites, Janvier est souvent trop humide; il vaudrait mieux attendre le mois de Février ou commencement de Mars, si le 15 novembre on n'a terminé.

Récolte des graines de robinier, gledistchia, des cônes des épicéa, du pin sylvestre, pin maritime.

Vigne

Fin du déchaussement, commencement de la taille et de la plantation — Surveiller le sellier.— distiller les marcs. (*Voir viticulture et vinification*).

Mûriers et oliviers

Taille des mûriers (comme le mois précédent).

Les olives sont plus mûres. (comme le mois précédent).

Fin de la cueillette des dernières olives; — la première huile faite est déjà bonne à entrer dans la consommation.

Animaux

Les animaux de travail ont besoin de se reposer dans des écuries abritées.

Les animaux qui pâturent ont besoin d'un peu de nourriture sèche à l'étable et surtout de litière.

Les vaches commencent à vêler, bien soigner la vache pendant les jours qui suivent la parturition.

Les brebis agnèlent; précautions hygiéniques à prendre.

On livre à la consommation les animaux engraissés à l'étable, veaux de lait, agneaux de lait, porcs gras, volailles grasses.

Surveillance active des ruchers contre les insectes, le froid, les souris.

Potager

Les choux pommés sont chers, les choux fleurs abondent, les artichauts sont moins rares, les petits pois sont encore chers, on en expédie déjà pour France, on récolte force navets, chicorée.

On sème choux, salades, carottes, tous légumes d'hiver et de petit ménage.

Jardin fruitier

Les nèfles du Japon sont en fleurs, on ne récolte que des oranges, on a conservé des pommes, des poires. — Taille des arbres fruitiers.

Fleuristes

Même excursion que le mois dernier faite le 20

décembre. (*Voir le mois dernier.*) Récolter les graines.

Divers

C'est la fin de l'année du calendrier — la fin du 1er trimestre agricole : on a beaucoup dépensé et encore peu recolté.

Le cultivateur doit se rendre compte par avance des travaux à exécuter le trimestre suivant. — Travaux d'intérieur nombreux ; réparation des instruments de labour ; surveillance des semis, entretien des routes. etc : surveillance des magasins.

Nota : Tous les travaux mentionnés dans le calendrier ci-dessus doivent être combinés avec la position que la propriété occupe soit sur le littoral soit dans l'intérieur C'est pour cela que j'ai mentionné la climatologie en tête de chaque mois parce que les travaux correspondent plutôt avec la climatologie qu'avec la dénomination du mois.

LE DÉCALOGUE DU CULTIVATEUR

—

Toujours la terre honoreras
Et aimeras parfaitement.

Avec soin tu l'engraisseras
Et la tiendras très-proprement.

De bons outils te nantiras
Pour faire bien et préstement.

Tout ton blé tu silloteras
Avoine et orge également.

A tes gens tu procureras
Abris, engrais, arrosements.

Tes animaux tu soigneras
Et nourriras suffisamment

De l'aiguillon te serviras
Ainsi que du fouet rarement.

Sur tes ouvriers veilleras
En tout temps attentivement.

Bonne ménagère prendras
Pour réussir plus sûrement.

Tous les jours mes vers tu liras
Pour en tirer contentement.

A. SOUDRY.

DU TEMPS MOYEN

—

La méthode du maréchal Bugeaud est ainsi for-
mulée à la page 699 du Sud-Est :

« Le temps se comporte onze fois sur douze

« pendant la durée de la lune, comme il s'est com-
« porté le cinquième jour, si le sixième il est le
« même qu'au cinquième.

» Si d'autre part le temps est le même le qua-
» trième et le sixième jour, il persistera neuf fois
» sur douze pendant le reste de la lunaison. »

Morale et pensées des sept Sages de la Grèce

Aime tes parents ; s'ils te causent quelques con-
trariétés, apprends à les supporter.

Pour vivre sagement, il faut savoir s'interdire les
défauts que l'on observe dans autrui.

La félicité du corps, consiste dans la santé, et celle
de l'esprit dans la science.

THALÈS.

MAXIMES

Il n'y a que les grands cœurs qui sachent combien il y a de gloire à être bon.

FÉNÉLON.

Le besoin apprend à prier, le travail apprend à
vaincre le besoin.

GLEIM.

Le travail porte avec lui sa récompense, il nous
isole du monde et de nous-mêmes, lui dût-on seulement cette sérénité qui couronne à coup sûr
toute journée bien remplie, il faudrait encore la
bénir et l'aimer.

J. SANDEAU.

Il y a une règle sûre pour juger les livres comme
les hommes, même sans les connaître : il suffit de

savoir par qui ils sont aimés et par qui ils sont haïs.
JOSEPH DE MAISTRE

MAXIMES AGRICOLES

Il en est des livres d'agriculture comme de tous ceux que l'on publie sur les diverses branches des connaissances humaines. tous n'ont pas un mérite égal : quelques-uns sont bons, d'autres médiocres, et d'autres fourmillent d'erreur
MATHIEU DE DOMBASLE.

L'homme qui n'est pas doué de l'esprit d'observation, quelque haute capacité et quelque instruction qu'il possède d'ailleurs, ne sera jamais un habile cultivateur.
ID.

La réussite d'une entreprise agricole vaut bien, par l'importance de ses effets sur la fortune de celui qui s'y livre, que l'on prenne la peine de consacrer quelques années à acquérir l'expérience et les connaissances nécessaires pour ne pas les compromettre.
ID.

Dans la carrière agricole, la matière est partout, le champ est immense et partout manquent les sujets et les capitaux,
ID.

Vouloir réduire la bonne agriculture à l'adoption de tel assolement, de tel genre de bétail ou de telle pratique, c'est ignorer complètement la portée de l'art : et cette funeste erreur a enfanté une incroyable multitude de mécomptes et de revers.
ID.

L'engrais est la condition *sine quâ non* du succès des arrosages.
NADAULT DE BUFFON.

En ne faisant rien, l'on apprend à mal faire.
CICÉRON.

Le bétail est le nerf de la culture; s'il est une machine à fumier, il est aussi une machine à argent.   J. BUJAULT.

L'agriculture fait la véritable richesse des nations.   BOSSUET.

Favoriser les arts et négliger l'agriculture serait ôter le fondement d'une pyramide pour en élever le sommet.   FRÉDÉRIC II.

Le labourage et le pâturage, voilà les deux mamelles dont la France est alimentée, les vraies mines et trésors du Pérou.   SULLY.

L'ignorance est un vice radical qui s'oppose, dans tous nos départements les plus pauvres, aux progrès de l'agriculture.   N. THONIER.

Hiver vert
Engraisse cimetière.

                    ROBINSON, (Anglais.)

La terre est une fabrique de produits agricoles; semblable aux autres fabriques. Elle veut être exploitée, conservée et améliorée.

                    DE GASPARIN.

La culture améliorante, c'est l'avenir commercial et manufacturier de la France.

                    LECOUTEUX.

L'élection des bonnes semences est l'un des plus importants articles du gouvernement des terres à grains, car quelle cueillette misérable pouvez-vous espérer des blés mal qualifiés, semés en vos terres, quoique bien labourées?   OLIVIER DE SERRES.

Il faudrait qu'une année fût obstinément mauvaise pour nuire tout à la fois aux fourrages dont la récolte dure six mois, aux céréales qui mûrissent en plein été et aux raisins qui s'arrachent en automne.   ED. LACOUTEUX.

L'agriculture est la plus immense des industries ; elle occupe à elle seule plus de bras et donne plus de produits que toutes les autres ensemble.

L'intérêt agricole, ce n'est ni plus ni moins que l'intérêt national à sa plus haute puissance.

L. DE LAVERGNE.

Le capital a changé la face de l'industrie ; il doit amener les mêmes conséquences pour la culture.

LECOUTEUX.

L'amélioration des campagnes est plus utile encore que la transformation des villes.

LOUIS BONAPARTE.

Dans une agriculture qui vise à une excessive perfection, le travail des hommes a souvent encore plus d'importance que celui des attelages et il faut ici la plus grande circonspection si l'on ne veut se ruiner à force de travailler.　　　SCHWERTZ.

L'exploitation par fermiers ne peut avoir lieu que dans les pays où il existe déjà des capitaux accumulés dans la classe agricole.

DE GASPARIN.

Vouloir introduire le fermage à prix d'argent dans les pays pauvres et sans capitaux, c'est s'exposer à ne pas être payé et avoir des terres d'autant plus mal cultivées qu'elles sont plus étendues.

ID.

Il y a dans l'agriculture quatre parties à considérer, d'où dérivent toutes les autres : la première, c'est la connaissance du fond de la terre, c'est-à-dire de la qualité du sol en lui-même et de ses différentes parties ; la seconde, est la connaissance de ce qu'il faut avoir sur ce fonds pour les cultures, la troisième, est la connaissance des travaux qu'il y faut faire pour le bien cultiver, et la quatrième enfin est la connaissance des temps destinés à chacun de ces travaux.　　　M. TERENTIUS WARRON.

Il n'y a pas d'agriculture sérieuse sans comptabilité ; il n'y a pas de comptabilité sérieuse sans exactitude.

Plus on dépense par hectolitre cultivé, moins on dépense par hectolitre récolté

Éd. Lecouteux.

A côté d'un pain naît un homme.

Buffon.

A côté d'un animal naît une famille.

(Maxime nouvelle.)

PROVERBES AGRICOLES

—

Souvent le dicton populaire
Renferme un avis salutaire.

St-Augustin

Année de gel, année de bled.
Année neigeuse, année fructueuse.
Année sèche, n'apporit maistre.

—

Quand en hiver est été
Et en été hyvernée,
Jamais n'est bonne année.

—

ARC-EN-CIEL

L'arc-en-ciel du soir
Fait beau temps prévoir.

—

Si l'arc-en-ciel paraît la matinée,
Du laboureur il finit la journée.

—

BRUINE

Bruine est bonne à vigne
Et a bled la ruine.

—

PRINCIPES GÉNÉRAUX

Tant vaut l'homme, tant vaut la terre.
La faulx paie les prés.
Telle racine, telle feuille.
Mal herbe croît plutôt que bonne.
Par le travail et les engrais, le sage,
En semant moins, récolte davantage.

—

TERRAIN

Acheter un bien sans argent,
C'est se tromper en l'achetant.

En terroir abrupt et pendant,
Ne place jamais ton argent.

Terre noire fait bon blé,
La blanche fait l'épi grené.
Terre de mauvaise aventure
Quand il pleut elle devient dure,
Au soleil elle se fait molle
Au moindre vent elle s'envole.

—

ENGRAIS

Le fumier n'est pas saint, mais il fait des miracles.
Doublez votre fumier, vous doublez votre champ.
Dans l'argile sable vaut fumier.
L'œil du fermier vaut du fumier.
Brûle ou fume ton bien, sinon tu glaneras.

—

LABOURS

A faible champ fort laboureur.
Labour d'été vaut fumier.

Qui sème son champ en poussière
Doit faire forte la gerbière.

Si tu laboures mal, tu moissonneras pis.

Il vaudrait mieux être fou
Que de labourer en temps mou.

—

SEMAILLES

Qui sème bon grain, récolte bon grain.

Qui ne sème ne cueille.

Il faut semer l'avoine en courant
Et l'orge en dormant.

Semer avec la main et non avec le sac.

Qui sème menu, récolte dru,
Qui sème dru, récolte menu.
Qui sème trop épais
Vide son sac deux fois.

Plus tôt en terre, plus tôt hors de terre.

Sème tes seigles en terre poudreuse
Et tes froments en terre broueuse.

Bon champ semé, bon blé rapporte.

Belle avoine de février
Donne espérance au grenier.

—

AMIMAUX

Telle étable, telle bête,
De tout poil bonne bête.

A sa clochette connais ta bête.

Bonne bête s'échauffe en mangeant.

En montant ne me force pas,
Descendant ne me presse pas,
En plaine comme tu voudras.

—

CHEVAL

Cheval gris pommelé meure avant d'être fatigué.
Il n y a si bon cheval qui ne bronche.

Cheval de foin cheval de rien.
Cheval d'aveine, cheval de peine.
Cheval de paille, cheval de bataille.
Cheval d'ajonc, cheval breton.
A cheval glouton, licol pas trop long.

BŒUF

Le grand bœuf apprend à labourer au petit.
Il vaut mieux être l'esguillon que le bœuf.

VACHE

De vache laide veau plus laid.
De veau on espère un bœuf.
Comme d'une poule un œuf.

BREBIS

De brebis ou mouton à courte laine,
Espérer grand toison est perdre sa peine.

Petite brebiette,
Toujours semble jeunette.

Un bon pasteur,
Dit un empereur.
Tond son troupeau,
Sans l'écorcher.
Et sans toucher,
Ni cuir ni peau.

Il n'est pas toujours de saison
De tondre brebis et mouton.

Brebis rogneuses,
Font les autres teigneuses.

PORCS

Il ne perd point son aumône
Qui à son cochon la donne.
Propre ou non, tout engraisse le cochon.

VOLAILLES

Deux poules et un égal
Qu'on élève à régal
Mangent tout autant qu'un cheval.

Ta poule noire et ton oie blanche.

Chapon de huit mois, manger de rois.

CHAT

Chat bon revient toujours à la maison.
Chat miauleur n'est pas bon chasseur.

DIVERS

Le pré fait le champ.

Doublez votre fumier, vous doublez votre champ.

Le fumier, sans être saint, fait miracle là où il tombe.

Il n'y a pas de mauvaises terres, il n'y a que des mauvais cultivateurs.

Tel le fermier,
Tel le grenier.

Sème au jour de St-Eloi,   (1er décembre.)
Ton grain aura du poids.

Négligence d'un jour,
Vaut semaine de labour.

Où le bon grain n'est pas semé,
Le mauvais a bientôt germé.

Le maître, dès son réveil,
Au ménage est un soleil.

Une ferme sans bétail,
Est une cloche sans batail.

J. BUJAULT.

VOCABULAIRES

EMPLOYÉS EN AGRICULTURE

—

L'agriculture étant composée de diverses branches telles que les travaux des champs, le soin du bétail, les instruments etc....... Il y a un vocabulaire pour chaque partie de cette grande industrie.

Les vocabulaires ci-dessous mentionnés sont extraits de différents ouvrages d'agriculture cités dans l'article bibliographique, quelques désignations sont ajoutées, d'autres retranchées, il est préférable, selon l'auteur, de ne pas laisser subsister tant de synonymes et de régulariser le langage agricole si différent de commune en commune.

Les vocabulaires ainsi coordonnés se rapportent aux dessins représentés et complètent ainsi les articles spéciaux et les gravures. Je laisse à une plume plus autorisée, le soin de faire un vocabulaire unique, intitulé Vocabulaire du Cultivateur et réunissant ainsi tous les termes; ce serait un vrai dictionnaire.

Véhicules ruraux.

Vocabulaire des pièces qui composent les Véhicules ruraux.

Armons. — Ce sont les deux pièces de bois qui aboutissent au timon d'un chariot et qui soutiennent la cheville ouvrière : *Armons d'avant-train, armons de l'essieu de derrière.*

ALONGE. — Synonyme de flèche.

AVANT-TRAIN. — Partie antérieure des chariots.

ARRIÈRE-TRAIN. — Partie postérieure des mêmes voitures

BANDAGE. — Bande de fer qui garnit le cercle d'une roue.

BOITES DE ROUES. — Tube en fonte situé dans le moyeu d'une roue.

BRANCARDS. — Ce sont deux longues pièces de bois qui servent à l'attelage des voitures et entre lesquelles on attèle le limonier.

BRAS. — Morceau de bois destiné dans les chariots à soutenir les échelles et les ridelles.

BROCHE-OUVRIÈRE. — Boulon servant à fixer la flèche sur l'avant-train.

CAISSE. — Corps d'un tombereau, d'une brouette,

CHAMBRE. — Ouverture pratiqué dans la boîte des roues.

CHAMBRIÈRE. — Morceau de bois mobile placé sous les charrettes ou les tombereaux pour les maintenir horizontalement.

CHEVILLE-OUVRIÈRE. — Boulon servant à fixer le corps du chariot avec l'avant-train.

CHANTIGNOLE. — Voir Echantignole.

CHÈVRE. — Appareil propre à soulever les roues des voitures.

CHEMÉ. — Pièce de bois située au-dessus du lissoir dans laquelle vient s'encastrer les bras de l'avant-train de devant.

CLEF. — Long boulon en bois qui empêche la caisse du tombereau de basculer, et qui s'engage dans les boîtes de la clef.

CORDONS. — Cercles de fer posés autour du moyeu pour empêcher qu'il se fende.

Cornes de ranches. — Voir Ranchers.

Cornes. — Montants en bois placés en avant et en arrière du corps d'une guimbarde et destinés à retenir les objets légers, comme le foin, la paille, etc.

Échantignolles. — Morceaux de bois mortaisés qui reçoivent l'essieu d'une voiture et l'assujettissent.

Échelle. — Claire-voie verticale et très-étroite placée à la partie postérieure des chariots lorrains, entre les échelons de laquelle glisse la perche destinée à serrer le chargement. — Ou bien cadre horizontal sur lequel on fixe le plancher de la voiture.

Épars. — Morceaux de bois qui joignent les limons et les assujettissent.

Esse. — Sorte de chapeau que l'on place à l'extrémité des boîtes de voitures, ou cheville que l'on met au bout extérieur de la fusée de l'essieu.

Essieu. — Axe de la voiture dont les deux extrémités passent dans les moyeux des roues.

Flèche. — Pièces de bois qui liée à l'avant-train sert à atteler les animaux et à guider la voiture.

Flotte. — Rondelle placée auprès de la boîte des roues et contre laquelle elles frottent.

Frettes. — Synonyme de Cordons.

Fusées. — Extrémités de l'essieu qui passent dans les boîtes des roues.

Goujons. — Cheville servant à l'assemblage des jantes.

Hayon. — Devant d'une voiture placé en avant des ridelles.

Jante. — Pièce de bois courbée qui fait partie du cercle d'une roue.

Limons. — Bras d'une charette formant le fond et les brancards de la voiture.

Lissoirs. — Morceaux de bois placés au-dessus de l'esieu et qui supportent le train d'avant dans les chariots.

Longe. — Synonyme d'Alonge.

Moyeu. — Morceau de bois ayant la forme d'une olive et dans lequel passe une des fusées de l'essieu.

Moulinet. — Voir Treuil.

Palonnier. — Morceau de bois arrondi auquel s'attachent les traits d'un cheval ou d'un bœuf.

Rais. — Rayons des roues enclavés dans le moyeu et portant les jantes.

Ranchers. — Morceaux de bois placés verticalem nt sur le côté de la charrette, et excédant celle-ci de 0,33 de chaque côté en hauteur.

Taquets. — Petits morceaux de bois ou de fer placés à la partie postérieure des limons du tombereau et qui sert à maintenir la partie basse du hayon.

Ridelle. — Claire-voie qui forme l'une des parois latérales de la charette.

Timon. — Synonyme de Flèche.

Traverses. — Pièces formant l'écartement de la charette.

Train. — Charpente roulante des chariots.

Train de derrière. — Synonyme d'Arrière-train.

Train de devant. — Synonyme d'Avant train.

Treuil. — Rouleau servant à serrer le câble qui maintient le chargement.

Volée. — Pièce de bois fixée sur les armons et à laquelle s'attachent les palonniers.

Harnachement des chevaux

Vocabulaire des pièces qui composent les harnais.

AIGRETTE. — Ornements en laine rouge ou bleue de la bride du cheval de charette.

ARCADE. — Partie cintrée qui se trouve en avant et en arrière de l'arçon de la selle.

ARÇON. — Réunion des morceaux de bois qui composent le fût de la selle ou de la selette.

ARDILLON. — Pointe d'une boucle.

ATTELLES — Planchettes de bois de hêtre, arrondies au sommet, ou branches courbes en fer, que l'on attache sur le collier pour lui donner plus de solidité.

ATTELOIR. — Cheville à tête de fer ou en bois, servant à fixer les traits aux limons.

AVALOIRE. — Assemblage de courroies qui entoure la croupe d'un cheval.

AUBES. — Pièces de bois qui composent la charpente d'un bât.

BARRES DES FESSES. — Synonyme de Branches d'avaloire.

BÂT. — Selle grossièrement travaillée que l'on met sur le dos des bêtes de somme.

BÂTINE. — Longue coussinure de toile rembourrée de paille, et maintenue par des sangles sur un cheval ou sur un âne.

BILLOT — Courroies dont on garnit la partie basse du collier de cheval de charrette.

BOÎTE DE LA SOUS-VENTRIÈRE. — Anneau de cuir de la sous-ventrière dans laquelle passe l'un des limons.

BOUCLETON. — Réunion d'une boucle métallique

avec son ardillon et du morceau de cuir qui s'y engage.

Bouffette. — Grande aigrette en laine servant à orner les harnais de charrette.

Bras d'avaloire. — Courroies de l'avaloire placées horizontalement autour de la croupe.

Branches du mors — Parties qui servent à faire agir l'embouchure et la gourmette.

Branches d'avaloire. — Courroies qui vont du bas en haut de la croupe.

Bricole. — Harnais qui remplace le collier.

Bride. — Harnais de tête de cheval.

Bridon. — Espèce de bride n'ayant qu'un mors très léger.

Camaille — Couverture qui couvre le cou et la tête d'un cheval.

Caveçon. — Bride sans mors.

Ceinture d'avaloire. — Courroie qui va d'un bras de l'avaloire à la sellette.

Chaperon. — Morceau de cuir qui recouvre le collier.

Chevillen. — Cheval qui vient immédiatement après le limonier.

Colleron. — Anneau en cuir que l'on passe au cou du cheval et qui sert à soutenir et à diriger le timon des chariots.

Collier. — Épais et gros bourrelet formant ovale à jour, couvert de bazane, rembourré de paille, de bourre, et monté sur les attelles.

Collier a l'anglaise. — Les attelles sont des tringles rondes en fer et entourées de cuir noir. Ce collier ne s'ouvre pas.

Corps d'attelles. — Le centre du collier.

Côté a la main. — Côté gauche du cheval.

Côté hors la main. — Côté droit du cheval.

Couplière. — Lanière clouée pour réunir les attelles du collier du cheval de charrette ou du bœuf.

Courbes. — Partie du fût d'une sellette de limonier ou d'un bât.

Coussinet. — Petit panneau rembouré servant à préserver les côtés ou le dos du cheval.

Croupière. — Pièce du harnais qui s'étend de la sellette, du collier ou de la selle, jusque sous la queue du cheval.

Culeron. — Petit bourrelet tourné en ovale qui se boucle après le fourchet de la croupière et entoure la queue du cheval.

Dessus de tête. — Courroie des brides, licons et bridons qui entoure le haut de la tête du cheval.

Dessus de nez. — Courroie qui va d'un montant de bride à l'autre et s'étend ainsi sur le nez du cheval.

Dossière. — Large courroie qui se place sur la sellette et destinée à soutenir les brancards d'une limonière.

Embouchure. — Partie du mors qui pénètre dans la bouche du cheval.

Etrières. — Courroies qui portent les étriers.

Fessier. — Courroie qui ne s'ajoute aux harnais de derrière que dans les descentes.

Filet. — C'est la doublure de la bride sans dessus de nez.

Frontal. — Courroie de la bride qui entoure le front du cheval.

Fût. — Charpente des bâts et des sellettes des chevaux de charrette.

FOURREAUX. — Tube de cuir doublé dans lequel passent les traits et destiné à garantir les animaux.

GOURMETTE. — Chaînette du mors.

GUIDES. — Longues courroies qui servent à guider les chevaux.

HARNAIS D'AVANT-MAIN. — Harnais qui couvre les parties antérieures d'un animal, c'est-à-dire la tête et le cou.

HARNAIS D'ARRIÈRE-MAIN. — Harnais destinés aux parties postérieures d'un cheval et qui garnit le dos et la croupe.

HOUSSE. — Peau de mouton avec la laine, servant à garnir les colliers.

JOUIÈRES. — Montant de la bride passant sur les joues.

LICOU. — Courroie boucletée qui sert à attacher les animaux à l'écurie.

LIMONIER. — Cheval placé entre les limons d'un charrette.

LUNETTES. — Paire de très petits chapeaux ronds en cuir que l'on place devant les yeux d'un cheval ou d'un bœuf attelé à un des bras d'un manège.

MAMELLE. — Partie renflée du collier qui s'appuie sur les épaules.

MORS. — Fer qui se place dans la bouche du cheval et sert à le guider.

MONTANTS DE BRIDE. — Courroies de la bride qui s'étendent depuis le porte-mors, jusqu'au frontal.

MONTOIR. — Côté gauche du cheval.

MUSEROLLE. — Synonyme de dessus de nez.

Muselière. — Petite corbeille à jour pour empêcher les animaux de mordre, de boire ou de manger.

Œillères — Parties avancées devant les yeux du cheval que l'on remarque aux brides de voiture.

Ormontoir — Côté droit du cheval.

Panse. — Partie la plus large du collier.

Panneaux. — Coussins que l'on place sous les sellettes, les bâts, les selles, pour empêcher qu'elles ne blessent les animaux.

Passant. — Petite courroie située près d'une boucle.

Patte d'attelles. — Partie élevée et arrondie de l'attelle.

Pommeau. — Partie supérieure de l'arcade du devant de la selle.

Quartiers — Morceaux de cuir qui tombent à droite et à gauche de la sellette.

Rênes. — Courroies de la bride qui s'attachent à la tête du collier.

Reculement. — Synonyme de Bras d'avaloire.

Rouleaux. — Petits bâtons tournés ayant une tête à chaque bout et qu'on renferme dans chaque extrémité de la dossière.

Sangles. — Bandes de cuir ou de toile, qui servent à ceindre le ventre du cheval ou de l'âne.

Sellette. — Petite selle que l'on place sur le dos des chevaux d'attelage.

Sous-gorge, — Courroie de la bride entourant la gorge.

Sous-ventrière. — Bande de cuir qui passe sous le ventre du cheval ou du bœuf.

Surfaix. — Grande sangle qui sert à fixer la cou

verture sur le dos du cheval lorsqu'il ne travaille
pas.

Traits. — Courroies en chanvre ou en cuir qui
servent à l'attelage des chevaux.

Troussequin. — Partie postérieure et relevée de
l'arçon.

Verge. — Bourrelet qui règne le long des colliers
et qui forme saillie sur les attelles.

Vocabulaire du laboureur.

Adosser. — C'est renverser continuellement les
bandes de terres les unes contre les autres.

Ados (faire un). — C'est appuyer l'une contre
l'autre les deux premières bandes de terre que
la charrue détache et renverse.

Bande de terre. — Parallélipipède ou prisme qua-
drangulaire de terre que la charrue soulève et
renverse sur le côté.

Billon. — Partie du terrain labourée et formée
par la réunion de deux à dix bandes de terre,
et dont la partie supérieure présente une con-
vexité plus ou moins prononcée.

Bordure. — Synonyme de Cheintre.

Butter. — C'est réchausser une plante, c'est for-
mer une butte à son pied, avec la charrue à deux
versoirs, afin de conserver de la fraîcheur à ses
racines.

Cheintre. — Partie du champ sur laquelle la charrue et l'attelage exécutent les tournées.

Déchaumer. — Labourer, après l'enlèvement des
céréales, de 6 à 10 centimètres de profondeur

Déchaumage. — Labour superficiel pratiqué sur les
chaumes.

Dérayer. — C'est terminer le labour entre deux planches.

Dérayure. — Dernière raie creusée par la charrue pour séparer les billons ou les planches et faciliter l'écoulement des eaux surabondandes.

Écréter. — Commencer les labours des deux côtés des billons, de manière que les deux premières bandes tombent à droite et à gauche et comblent le sillon qui séparait les billons.

Endos. — Synonyme d'Ados.

Endosser. — Voir Adosser.

Enrayer. — C'est exécuter une enrayure.

Enrayure. — La première raie de charrue.

Émoiter. — Briser les mottes à l'aide d'une herse ou d'un rouleau.

Entrure. — Profondeur à laquelle pénètre le soc lorsqu'une charrue entre bien dans la terre, on dit : *l'entrure de cette charrue est bonne.*

Fendre. — C'est labourer de manière à détacher et à renverser les bandes de terres, en faisant tourner la charrue et l'attelage de droite à gauche, en sorte que la dérayure soit au milieu de la partie labourée. *Vous labourerez cette pièce en refendant.*

Fourrière. — Synonyme de Cheintre.

Frayon. — Arrête de terre qui présentent les dérayures bien exécutées.

Hersage. — Action de herser.

Hersage léger. — Lorsque les dents de la herse pénètrent peu dans la couche arable.

Hersage en accrochant. — Quand les dents d'une herse sont obliques au lait et qu'elles agissent les pointes en avant. Ce hersage n'est pas assez énergique: *agissez en accrochant.*

HERSAGE EN DÉCROCHANT. — Herser en dirigeant les pointes des dents en arrière.

HERSAGE CROISÉ. — Lorsque le second coup de herse est donné perpendiculairement au premier.

HERSAGE EN LONG. — Agir dans le sens du labour.

HERSAGE A UNE DENT. — Ne herser qu'une seule fois.

HERSAGE A DEUX DENTS. — Herser deux fois dans le même champ.

JAUGE. — Voir Raie.

LABOURAGE. — Action de labourer.

LABOURER. — Fendre et retourner la terre avec un instrument. *Labourer en adossant. Labourer en refendant. Labour à la pioche, à la bêche, à la charrue, etc.*

LABOUR CROISÉ. — Labour en travers. Celui que l'on pratique perpendiculairement à la direction du précédent.

LABOUR D'ÉTÉ. — Celui que l'on exécute dans les jachères pendant les mois de juillet et août.

LABOUR D'HIVER. — Quand on exécute un labour en automne pendant la saison des pluies.

LABOUR A PLAT. — Lorsque les bandes de terre sont retournées sans dessus dessous.

LABOUR INCLINÉ. — Quand les bandes sont renversées sur le côté suivant un angle de 45° environ.

LABOUR EN PATTE D'OIE. — Celui que l'on fait dans les pièces triangulaires, soit en adossant, soit en fendant.

LABOUR EN PLANCHES. — Lorsque le sol présente une surface à peu près unie et que les bandes de terre sont séparées çà et là par des dérayures.

LABOUR SANS BILLON. — Voir labour en planches.

LABOUR A RAIES PERDUES. — Labour dans lequel les
bandes de terre se confondent les unes avec les
autres.

LABOUR DE SEMAILLES. — Celui que l'on exécute
avant les ensemencements.

LABOUR DE JACHÈRE. — Celui que l'on pratique dans
les terres que l'on abandonne à elles-mêmes
pendant cinq à six mois.

LABOUR DOUBLE. — Voir labour de défoncement.

LABOUR SUPERFICIEL. — Lorsque le soc de la charrue glisse de 5 à 10 centimètres au-dessous de
la superficie du sol.

LABOUR DE DÉFONCEMENT. — Quand le soc pénètre
dans la partie inférieure de la couche arable,
au-dessous du point où il glisse ordinairement
ou lorsqu'il attaque le sous-sol.

LABOUR A L'EXTIRPATEUR. — Celui que l'on exécute
à l'aide d'un extirpateur.

LABOUR AU SACRIFICATEUR. — Quand il est pratiqué
avec un sacrificateur ou la herse bataille.

LABOUR EN CRÉMAILLÈRE. — Labour qui permet de
distinguer très-aisément les arêtes externes des
bandes de terre.

PIQUER. — Synonyme de Pénétrer. *La charrue ne
pique pas.*

PALABATRE. — Ameublissement du sous-sol fait des
ouvriers au fur et à mesure que la charrue
avance.

PELLEVERSAGE. — Défoncement du sol à bras.

PLOUTRAGE. — Action de ploutrer.

PLOUTRER. — Hersage pratiqué au printemps sur

les céréales à l'aide d'une herse renversée.

PLANCHE. — Groupe de dix à douze raies au moins, formant une surface parralélogrammique presque unie et comprise entre deux dérayures.

PLANCHE BOMBÉE. — Large billon.

PLANCHE EN DOS D'ANE. — id.

RAIE. — Partie vide que forme la bande lorsqu'elle a été détachée de la terre non labourée et renversée sur le côté : *Crtte raie est évidée.*

RAIE D'ÉCOULEMENT. — Rigole tracée à la charrue ou au buttoir pour faciliter l'écoulement des eaux.

REAGE. — Synonyme de rayage.

ROULAGE. — Tassement du sol et écrasement des des mottes exécutés à l'aide d'un rouleau.

SILLON. — C'est la raie que trace la charrue. — Synonyme, dans quelques localités, de billon. — Dans la culture en billon de quatre raies, le sillon est synonyme de dérayure.

TERRE MOTTEUSE. — Celle qui offre des mottes à sa surface.

TERRE BATTUE. — Celle que la pluie a affaissée sur elle-même et qui offre à sa surface une espèce de croûte.

TRAIN. — Espace qu'embrasse la herse en fonctionnant. — *Les trains de la herse ne sont pas réguliers et il y a des parties sur lesquelles elle n'a pas agi.*

TRANCHE. — Synonyme de Bande.

TOURNÉE. — Demi cercle ou ellipse décrit par la charrue, la herse ou le rouleau, lorsqu'ils terminent une raie ou un train pour en commencer une autre.

Vocabulaire de la récolte des foins.

Affiler. — Synonyme d'aiguiser.

Agencer. — Ajuster la lame de la faux de manière qu'elle forme avec le manche un angle donné et qu'elle ait toute la solidité possible.

Aiguiser. — Rendre coupant, à l'aide du marteau ou de la pierre, le tranchant de la lame.

Andain. — Rangée d'herbes coupées, formée par les faucheurs à mesure qu'ils coupent des prairies naturelles ou artificielles : *Ne faites pas des andains simples. Vous commencerez à faucher en formant un double andain.*

Anneau. — Cercle en fer qui sert à fixer la faux à l'extrémité supérieure du manche.

Battage. — Action de battre la faux.

Battre. — Amincir le tranchant de la lame au moyen d'un marteau : *Cette faux ne coupe pas; elle a été mal battue.*

Bicotte. — Synonyme de Veillotte.

Botte. — Assemblage de plantes fanées : *Une botte à un lien; une botte à trois liens.*

Bottelage. — Action de botteler.

Botteler. — Lier le foin en bottes.

Botteleur. — Ouvrier qui met le foin en bottes.

Botteloir. — Crochet en fer à deux branches recourbées, fixé à l'extrémité d'une petite poignée en bois, servant à botteler.

Broc. — Fourche en fer à deux branches.

Cavaliers. — Assemblages de perches destinées à supporter l'herbe pendant sa dessiccation, et que l'on emploie dans les contrées pluvieuses.

Coin. — Morceau de bois ou de fer en angle, que l'on introduit entre l'anneau et la queue de la faux.

Chevaler. — Synonyme de Cavalier.

Ceint. ron. — Lanière en cuir pour soutenir le coffin.

Chevrotte. — Synonyme de Veuillotte.

Coffin. — Corne de vache ou cornet en fer blanc destiné à recevoir la pierre à aiguiser.

Coupant. — Synonyme de Tranchant.

Enclume — Masse de fer sur laquelle on bat le tranchant de la faux.

Embouche. — Synonyme d'Herbage.

Faneur. — Ouvrier qui fane l'herbe des prairies.

Faner. — Etendre et retourner l'herbe pour la faire sécher.

Fanaison — Epoque où l'on fauche et dessèche l'herbe des prairies.

Fanage. — Action de faner.

Faneuse mécanique. — Appareil que l'on emploie pour éparpiller et retourner l'herbe des prairies. La faneuse de Smith est parfaite, (presque pas employée en Algérie).

Fauchage. — Action de faucher.

Fauchaison. — Epoque où l'on fauche.

Faucher — Couper l'herbe des prairies avec la faux. On fauche en dehors quand l'herbe coupée est rassemblée par la faux sur la partie précédemment fauchée ; on faucille en dedans quand les plantes coupées sont poussées contre la partie qui reste à faucher.

Fauchet — Râteau en bois à deux rangées opposées de dents.

Faucheur. — Ouvrier qui fauche.

FAUCILLE. — Lame d'acier ou de fer aciéré en forme demi circulaire pour couper à la main, à la poignée

FAUX. — Lame d'acier de fer aciéré, emmarchée que l'on emploie pour faucher.

FAUX ARMÉE. — Faux munie d'un appareil en fer.

FENIL. — Bâtiment dans lequel on conserve les foins.

FOIN. — Herbe des prairies coupée et séchée : *Ce foin est bien vert; votre foin est vieux et poudreux.*

FOIN BRUN. — Foin roussâtre, obtenu par la fermentation.

FOURCHE. — Outil en bois à deux ou trois branches qui sert à faner l'herbe.

FOURCHÉE. — Le foin ou l'herbe que l'on peut enlever d'un coup de fourche.

HERBAGE. — Prairie qu'on ne fauche pas et sur laquelle on élève ou on engraisse des animaux domestiques.

HIVERNAGE. — Fourrage provenant de semis faits pendant l'automne et composé de vesce et de seigle ou de pois gris et d'avoine.

LIEN. — Cordon de foin qui sert à réunir les tiges sèches en bottes.

MAIN DE FER. — Synonyme de Botteloir.

MANCHE DE LA FAUX. — Pièce en bois cylindrique, à l'extrémité de laquelle on fixe la faux.

MARTEAU. — Outil employé pour battre le biseau des lames de faux et les rendre plus coupantes.

MÉTHODE KSAPMAYER. — Procédé qui consiste à dessécher l'herbe par la fermentation.

MEULE. — Monceau de foin ayant au moins trois mètres de diamètre.

Meulon. — Synonyme de Petite meule.

Mordant — Disposition de la faux à bien couper *l'herbe. Cette faux a beaucoup de mordant parce qu'elle a été bien battue.*

Pâturage gras. — Synonyme d'Herbage.

Pierre. — Minéral avec lequel on aiguise le tail- lant des faux. *pierre naturelle ou de composition.*

Prairie naturelle. — Étendue couverte de plantes destinées à être fauchées et fanées et dont la du- rée est indéterminée.

Prairie artificielle. — Prairie composée d'une ou d'un petit nombre de plantes de la famille des légumineuses ou des graminées ayant une du- rée d'existence déterminée.

Queue de la faux. — Extrémité de la faux qui sert à la fixer au manche.

Rateau. — Synonyme de Fauchet.

Rateau à cheval. — Appareil en fer ou en bois employé pour ramasser l'herbe après le fanage. On rassemble en boudins celle que l'on a des- séchée.

Rateau mécanique. — Synonyme de Râteau à che- val.

Regain. — Dernière pousse annuelle des prairies naturelles ou artificielles.

Relais. — Herbe délaissée dans les herbages par les bœufs ou par les chevaux.

Taillant. — Partie tranchante de la faux.

Talon. — Partie opposée à la pointe de la faux.

Tranchant. — Synonyme de Taillant.

Veillottes. — Petits tas coniques d'herbe que l'on fait chaque soir pendant le fanage.

Vocabulaire de l'engraisseur.

ABORD. — Synonyme de Cimier.

AFFRANCHISSEUR. — Celui qui pratique la castration.

ALOYEAU. — Synonyme de Travers.

ARRIVÉ. — Bœuf que l'on vend ou que l'on abat en temps opportun.

AVANT-LAIT. — Maniement situé sur la vache sous l'abdomen et en avant du pis; il accuse la formation de la chair et du suif.

BALLONNER. — C'est donner beaucoup de son frisé à un bœuf ou à un mouton, afin que la panse soit bien remplie et que l'animal ait meilleur aspect à la vente et pèse davantage.

BONNE BOUCHERIE. — Viande bien marbrée.

BOUCLER. — Passer un anneau métallique dans le grouin du porc pour l'empêcher de fouiller.

BOUCLEMENT. — Action de boucler.

BRECHET. — Synonyme de Poitrine.

BRULÉ. — Animal trop vieux ayant trop travaillé et d'un engraissement difficile. On dit qu'un mouton est brûlé quand il a trop de sang et que son œil est injecté.

CIMIER — Maniement que l'on observe au-dessous du coude; il indique que l'engraissement touche à sa fin.

CŒUR. — Maniement que l'on observe au-dessous du coude; il indique la graisse extérieure.

COLLIER. — Maniement de la partie supérieure de l'épaule; il indique que l'engraissement touche à sa fin.

CONTRE-CŒUR. — Maniement situé à la base de l'épaule et de l'avant-bras; il annonce la graisse située sous la peau.

Cordon. — Maniement de l'entre-cuisse ; il n'apparaît que chez les femelles et à la fin de l'engraissement.

Coté. — Maniement des dernières côtes situées près du flanc; il accuse la graisse extérieure.

Couverture. — Viande et graisse couvrant les parties osseuses. : *La couverture de ce bœuf est parfaite.*

Degras. — Graisse surabondante : *Cette viande a trop de degras, elle donnera du déchet à l'etal.*

Démarrer. — Envoyer un bœuf gras au marché. Ce bœuf est bon à démarrer,

Désergotté — Se dit d'un bœuf qui a perdu un ou deux onglons.

Désabotté. — Synonyme de Désergotté.

Dessous. — Maniement des bourses indiquant la présence de la graisse dans les cavités internes.

Dessous de langue. — Maniement de la base de la langue situé dans l'auge de la ganache ; il apparaît à la fin de l'engraissement et révèle la présence du suif à l'intérieur.

Douce. — Une peau est douce quand elle cède facilement sous la main.

Dure. — Une peau est dure lorsqu'on éprouve des difficultés à la manier.

Dur. — Un bœuf est dur lorsqu'il s'engraisse lentement.

Embaucher. — Commencer l'engraissement d'un animal.

Embonpoint. — Etat d'un animal engraissé.

Embouche. — Synonyme d'Herbage.

En-Chair. — État des animaux dans le début de l'engraissement : *Un bœuf en chair a peu de graisse ou de suif.*

Engraisser. — Opération par laquelle on augmente la viande et le suif des animaux domestiques.

Engraissement. — Action d'engraisser.

Engraissement mixte. — Celui qu'on commence dans un herbage et qu'on termine à l'étable.

Entre-Fesson. — Synonyme de Cordon.

Fait. — Un bœuf est fait quand son engraissement est complet. On emploi aussi ce mot pour dire qu'il est arrivé à l'âge adulte.

Fingras. — Engraissement complet.

Finesse. — Un bœuf a beaucoup de finesse lorsqu'il est bien conformé et qu'il s'engraisse promptement. *Cette viande a de la finesse pour exprimer sa bonne qualité.*

Flanc. — Maniement situé sur le flanc qui indique un embonpoint avancé.

Fleuri. — Synonyme de Demi-gras : *Ce bœuf est bien fleuri.*

Gras. — On dit qu'un animal est gras lorsque les os sont bien couverts de viande et de graisse.

Grain. — État tuberculeux que présentent les fibres musculaires sur une surface de section. *Cette viande a un grain fin ou un grain grossier.*

Graisse. — Substance fusible, onctueuse, de la nature des huiles grasses.

Gras en dehors. — État d'un animal engraissé sur lequel la graisse s'est développée principalement entre la chair et la partie cutanée.

Gras en dedans. — État d'un animal gras chez lequel la graisse réside principalement entre les muscles et dans les cavités intérieures.

Gras de langue. — Synonyme de Dessous de langue.

Grasset. — Maniement du grasset ; il apparaît au début de l'engraissement et indique que le suif et la graisse se forment extérieurement.

Gâté. — Synonyme de Pourriture.

Hampe — Synonyme de Grasset.

Haute graisse. — Engraissement arrivé à son plus haut degré.

Jeunes. — Bœufs arrivés à maturité avant quatre ans.

Lampe. — Synonyme de Grasset.

Lagueyeur. — Celui qui fait métier de reconnaître la ladrerie et la glandine sur les porcs.

Lard. — Graisse du porc située sous les muscles sous-cutanés.

Maigre. — Animal qui a peu de chair et pas de graisse.

Main. — Un bœuf a de la main quand il est en chair et qu'il a la peau souple et luisante.

Maniement. — Dépôts graisseux qui se forment sur certaines parties du corps des animaux qu'on engraisse, endroit de l'appréciation de l'état de graisse.

Manier. — Toucher un animal dans le but d'apprécier son état d'engraissement.

Manet. — Synonyme de Maniement.

Marbrée. — Etat de la viande lorsque la graisse s'est interposée entre les fibres musculaires.

Marron. — Bœuf châtré très-jeune : *Un bœuf marron s'engraisse toujours très-facilement.*

Maturité. — Un bœuf est arrivé à maturité quand il est adulte, ou que son engraissement est terminé.

Mouton de garde. — Mouton âgé de 1 à 3 ans.

Mouton de graisse. — Celui qu'on destine à l'engraissement.

Moutonner un herbage. — Y confiner un lot de moutons.

Mûre. — Etat d'une viande bien marbrée.

Mûr. — Bœuf âgé. Ce bœuf est trop mûr il s'engraisse difficilement. *Se dit aussi d'un bœuf fin gras.*

Œillet. — Synonyme de Grasset.

Paleron. — Maniement de la partie supérieure et postérieure de l'épaule ; il indique la graisse extérieure.

Poitrine. — Maniement situé entre les jambes de devant, il annonce la graisse extérieure.

Pourri. — Se dit d'un mouton atteint de la cachexie aqueuse.

Pousser. — Activer l'engraissement, donner aux animaux une plus forte alimentation. *Vous ne poussez pas assez les deux bœufs.*

Rable. — Synonyme de travers.

Rafraichir. — Confiner un bœuf dans une prairie ou lui donner des aliments verts.

Refaire — Se dit des animaux qui commencent à s'engraisser : *Ces animaux commencent à se refaire.*

Rognon. — Synonyme de Dessous.

Rognon de graisse. — Graisse qui entoure les reins.

Soufflé. — Se dit d'un bœuf qui a de bons maniements, mais sur lequel la graisse n'a pas de fermeté.

Suif. — Graissse située autour des viscères, des cavités du corps.

Suif brulé. — Celui qui a subi un commencement de résorption.

Suif mur. — Celui qui est ferme, onctueux et d'une couleur beurre frais, teinté de rose.

Taurellière. — Vache qui, sans cesser d'être en chaleur, ne peut concevoir.

Travers. — Maniement de reins ; il se forme à la fin de l'engraissement et indique que l'animal a beaucoup de suif.

Tomber. — Un bœuf tombe bien quand il s'engraisse rapidement. Un animal que l'on tue et dont la viande est selon les espérances.

Veau blanc. — Celui qui a la membrane muqueuse buccale d'un blanc mat.

Veine. — Synonyme d'Avant-cœur.

Vert. — Un bœuf est vert quand il tient beaucoup du taureau ou lorsqu'il est mal portant ou qu'il a été mal nourri.

Viande couverte. — Celle qui est couverte de graisse : *Cette viande n'est pas assez couverte.*

Viande faite. — Celle qui se distingue par une couleur rouge clair.

Viande pale. — Celle qui est trop jaune.

Viande trop mure. — Celle qui est chargée de graisse et qui doit donner peu de jus.

Vieux mouton. — Celui qui a quatre ans.

PRÉPARATION DES DIFFÉRENTS SOLS.

Le sujet très vaste que comporte ce titre nous oblige à faire connaître au cultivateur, de quelle manière il doit d'abord reconnaître la nature de son sol, pour pouvoir ensuite le travailler selon les bons principes agricoles.

Des différents moyens de reconnaître la nature du sol, aucun n'approche de la justesse de l'analyse chimique ; mais 2 ou 3 % en plus ou en moins de l'un des éléments qui composent le sol n'influent pas sensiblement sur la manière d'agir ; à cette approximation les moyens ci-dessous nous offrent d'utiles indications.

Les éléments constitutifs d'un terrain arable sont : calcaire, sable, argile, humus ; la proportion dans laquelle ces éléments entrent dans la composition du sol, nous donne donc les terres portant les noms suivants :

Terres Calcaires.
    Sablonneuses.
    Argileuses.
    Tourbeuses.
    Franche.
    Calcaire siliceuse.
    Silico-calcaire.
    Silico-argileuse.
    Argilo-calcaire.
    Argilo-siliceuse.

Les propriétés physiques des éléments constitutifs du sol ont aussi fait donner différents noms aux terres : ainsi *terres fortes, légères, froides* et *chaudes.*

Peu de personnes, à la première inspection du

sol, peuvent en dire sa composition ; aussi allons-nous donner plusieurs moyens pratiques pour enseigner approximativement la composition moyenne du sol ; car avant de travailler un terrain il est essentiel de savoir à quelle nature de terre on a affaire.

D'après les propriétés physiques, telles que : ténacité, couleur, perméabilité, compacité, etc., etc., on peut apprécier la nature du sol, mais il faut une grande habitude, il faut être vrai cultivateur ; pour avoir ces notions pratiques, nous allons donc mentionner plusieurs méthodes pour arriver à ce résultat.

Moyens indirects pour connaître la composition du sol.

Il y en a plusieurs, et en général les cultivateurs n'en emploient pas d'autres. Le premier de tous et le plus simple est tiré de l'aspect même du terrain, de sa couleur, de la manière dont il se comporte au toucher.

Les sillons ouverts par la charrue, les fossés récemment creusés indiquent sa profondeur.

On se renseigne aussi par la nature des cultures, par l'importance des récoltes ; mais il faut avoir soin alors de tenir compte des circonstances secondaires qui peuvent la faire varier. Ainsi, une mauvaise terre située à la porte d'une ville et profitant des engrais qu'elle lui fournit, peut produire beaucoup plus qu'une bonne terre privée d'engrais. Enfin, il est un dernier moyen de se renseigner avec une sorte de probabilité sur la nature du sol,

l'examen des plantes spontanées ou
des mauvaises herbes auxquelles il donne naissance.

Nous en donnons ci-après une liste ... les
principales plantes que l'on peut considérer
comme étant caractéristiques des terrains:

SILICEUX	CALCAIRES	ARGILEUX
... commun	...elle	Avoine ...
Bruyère commune	Sauge du prés	Prêles ou queues de cheval
Id. cendrée	Id. fétide ou bât.	Pédiculaire
Réséda jaune	Iole	Agrostis légère
Plantain corne de cerf	Marrube	Vulpin géniculé
Soude marin	Arrête-bœuf	Sureau yèble
Roquette tortelle	Mélampyre rouge	Laitue vireuse
Genêt des Anglais	Lupuline	Lotier corniculé
...	Pavot coquelicot	Laponaire officinale
Gnaphale des champs	Centaurée scabieuse	Dactyle pelotonné
Euphorbe petit-lait jaune	Fumeterre	Brunelle à grandes fleurs
Oseille des sables	Caille-lait tendre	Tussilage ou pas d'âne
Oubliez ...	Chardons	Aristoloche commune
Id. à feuilles	Potentille printanière	Chicorée sauvage
...	Id.	
Orpin âcre	Gentiane bleuâtre	
Id. blanc	Frêne commun	
Sédum commun	Noisetier commun	

(JOURDIER, *Catéchisme du cultivateur.*)

Cependant une plante telle que le chardon...

naché, qui est caractéristique des calcaires en Normandie, vient dans le centre de la France indistinctement sur les calcaires et sur les argiles.

« (JOURDIER.) »

C'est donc l'ensemble de la production spontanée qui doit nous guider, sans s'arrêter spécialement à telle ou telle plante, si ce n'est comme instruction pour nous désigner la plante cultivée, analogue à celle sauvage, que nous pourrions semer avantageusement sur ce sol.

Analyse mécanique des terres.

—

Pour le cultivateur il convient de connaître approximativement la nature de son sol pour pouvoir s'expliquer et prévoir s'il convient mieux de semer telle ou telle plante dans les différents conditions où il peut se trouver.

Une terre étant donnée, l'échantillon bien pris, on fera sécher dans un four, après la sortie du pain ou dans une étuve, sans que jamais le thermomètre ne monte à plus de 100 degrés environ, un kilogramme de cette terre. Une fois sèche, on prendra 300 grammes de cette terre bien mélangée et on fera l'analyse.

Pour cela on prendra :

1° Une casserole *ad hoc*, et mélangeant, autant que possible avec de l'eau distillée ou de l'eau de pluie, on fera bouillir et on décantera, on fera rebouillir et on décantera encore, et ainsi de suite, jusqu'à ce que l'eau de décantation reste claire, ou fera sécher doucement au feu le résidu de la casse-

[illegible] on le divise au moyen d'un tamis [illegible]
[illegible] Sable fin.
[illegible] Gravier,
que l'on pèsera aussi exactement que possible.

L'eau de décantation contient donc le calcaire, [illegible] et les sels solubles, le fer, etc., etc.

2° Pour doser le calcaire soluble ou en [illegible] dans la partie décantée, on prendra de l'acide [illegible]orique [H. Cl.], étendu d'eau, et on en versera dans cet appareil, jusqu'à ce qu'il n'y ait plus d'effervescence; alors on filtrera et l'on aura, d'un côté, le chlorure de chaux et les sels solubles, et de l'autre, sur le filtre, le limon et les sels insolubles.

La liqueur filtrée se traitera par l'[illegible] et l'on aura de l'oxalate de chaux en précipité qu'on recueillera sur un filtre, qu'on pèsera et on dosera la chaux par les équivalents chimiques.

Ainsi par ce travail on aura $CaO, Ox + 2 aq$ [illegible] 31,24 de chaux et 43,83 d'acide plus deux équivalents d'eau. Ainsi en pesant le résidu, on [illegible] un tiers environ de son poids comme équivalent de la chaux.

3° L'humus se dosera en prenant de la terre primitive, sèche, soit 200 grammes, on la fait brûler dans un creuset à l'air libre, au rouge, et on sent l'odeur qui s'exhale dans la combustion pour [illegible] si les matières organiques sont d'origine végétale ou d'origine animale, et au bout d'une demi-heure de combustion on laisse refroidir et on pèse le résidu : par la différence on a l'humus.

Ainsi par les trois opérations nous pouvons, par différence, doser le limon ou en faire l'analyse séparée.

4° L'argile se dose par l'alumine en transformant le silicate d'alumine en sulfate d'alumine soluble, on a alors la silice insoluble qu'on retient sur un filtre et qu'on pèse.

5° Les sels solubles sont estimés par la différence entre les différents poids ci-dessus mentionnés et le poids total au commencement de l'expérience.

On peut aussi avoir intérêt à connaître si le sable et le gravier contiennent beaucoup de calcaire, alors on les analysera séparément comme il est dit au numéro 2.

Dans les terres il y a toujours un peu de potasse, de soude, de magnésie, mais le cultivateur n'a pas à s'en occuper.

Le sesqui-oxide de fer varie quelquefois jusque dans la proportion de 11 0/0 ; il est à remarquer que les meilleurs vins viennent dans les terres riches en oxide de fer : la couleur de la terre l'indique suffisamment au cultivateur.

Le phosphate de chaux est aussi important, il est présent dans toutes les terres, il faut, pour l'expliquer sa présence se reporter à la création, mais on peut l'épuiser, et l'on doit en rapporter par les engrais.

La magnésie accompagne toujours la chaux.

Par cette analyse nous avons les résultats suivants en faisant les opérations 1, 2, 3, ce qui suffit au cultivateur.

TERRE DE L'HAOUCH ***	PIÈCE N° ***
1° Gravier.................................	3 25 %
Sable fin.............................	11 33
2° Calcaire.............................	29 50
3° Matières organiques................	10 30
4° Limon { Alumine...... Silice...... Sels solubles...... }	46 62
Total................	100 00 %

Quels sont donc les appareils qu'il faut pour faire une analyse semblable ?

1° Une capsule allant au feu.

2° De l'eau de pluie.

3° Une capsule de porcelaine pour brûler la matière organique.

4° De l'acide chlorhydrique.

5° De l'acide oxalique.

6° Entonnoir, filtre, balance.

Soit donc un matériel à la portée de tout le monde, et il serait désirable que les instituteurs de campagne puissent opérer pour éclairer les cultivateurs.

(Cours de Grignon.)

De la préparation des terres proprement dites.

La nature de la terre étant connue, on saura à
quelle époque elle peut se travailler et sa richesse,
de manière à entreprendre telle ou telle culture.

Les sols silico-calcaires sont les plus faciles à
travailler, et les terrains argilo-calcaires ou argileux
les plus difficiles.

La profondeur des labours se commande après la
connaissance de la richesse (1) du sol et la fumure
que l'on peut appliquer.

Un sol peu riche doit être labouré peu profondément à la charrue, mais derrière celle-ci doit
marcher une charrue sous-sol pour ameublir à une
plus grande profondeur.

(1) Le mot *richesse* s'applique à la quantité de fumier que possède la terre, tandis que le mot *puissance* se rapporte aux matières minérales du sol.

Les sols légers sont plus faciles à fumer que les sols argileux et le fumier y dure moins, de là il faut les fumer plus souvent, tandis que les autres une fois qu'une vieille graisse y est accumulée les fumures peuvent être plus éloignées et le rendement des terres est plus soutenu.

Un sol léger s'améliore plus vite qu'un terrain fort.

Labourer le terrain fort en mottes, lorsqu'on doit laisser la jachère pendant l'été : l'action du soleil délitera les mottes ; de là, la jachère quelquefois forcée, lorsqu'on n'a pu semer à temps des terres fortes qui l'hiver absorbent beaucoup d'eau et ne permettent pas de faire de semailles tardives. Ces terrains réclament donc, outre un bon travail, le drainaige et les amendements.

Par l'analyse des terres, sachant qu'une terre franche se compose :

28 % sable et gravier.
28 calcaire.
29 limon.
15 matières organiques.
Total..... 100

on verra ce qui manquera à la terre ; quelles sont les propriétés physiques ; quels sont les moyens d'y remédier, soit par le travail, soit par l'apport de matières étrangères.

Les terres fortes argileuses, à sous-sol peu perméable ou imperméable doivent toujours être labourées en petites planches et, autant que possible, dans le sens de la pente.

Les terres légères perméables peuvent être labourées en grandes planches ou à plat, et jamais dans le sens de la plus grande pente, à moins que ce ne soit en plaine, le ravinement des eaux étant à craindre.

Les terses fortes doivent être fumées avec des

engrais pailleux et chauds, tandis que les terres légères avec des engrais très-décomposés, peu à la
fois, mais souvent, et avec du fumier normal et
même un peu froid.

DES ENGRAIS

CONFECTION DES ENGRAIS. — FUMURES.

—

Le premier de tous les engrais, est sans contes-
te le fumier de ferme, généralement si mal soigné et auquel on n'attache pas toute l'importance
désirable.

Les plantes vivant aux dépens du sol et de l'atmosphère, les animaux ne se nourrissant que de
plantes et transformant ces aliments en viande et
en déjections, nous devons donc rendre au sol ce
qui lui a été pris, recueillir avec soin les déjections
des animaux, et leurs débris, ainsi que les déjections de tous êtres consommant les produits animaux.

Nous n'allons pas entreprendre l'étude de tous
les engrais; nous renverrons pour plus amples renseignements au livre de M. Gustave Heuzé, intitulé
Des matières fertilisantes ; nous nous restreindons
à l'étude de ce qui se passe sous nos yeux.

Du fumier de ferme.

—

Ce fumier est celui qui se trouve formé par les

déjections des animaux dans les cours et les étables, avec une matière (litière) qui en absorbe l'humidité et forme alors un tout cohérent :

Les animaux de ferme, concourant à la formation de ce fumier sont ceux des espèces : chevaline bovine, ovine, caprine, porcine; nous donnerons le nom de fumier normal au tas de fumier de ferme qui sera composé du mélange de ces divers fumiers, au fur et à mesure de leur sortie des étables et de leur apport sur le lieu de confection, sans cela on aurait le fumier de cheval, de bœuf. . . . .

Le fumier normal étant composé des divers fumiers nous mentionnerons succintement les propriétés particulières de chacun d'eux.

FUMIER DE	Poids du mètre cube		QUALITÉ
	Frais	consommé	
Cheval	350 à 400	500 550	Fum tr-chaud tr-actif
Bêtes à cornes	500 à 600	700 à 800	Fu. froid très-durable
Bêtes à laine	400 à 450	550 à 700	Fu. chaud et durable
Porcs	»	»	Froid, à mélanger aux précédents, tr-énergique, brûlant, délicat à employer, le mélanger.
Lapins	»	»	
Fumier normal	650 à 700	900 1100	Mélange fait indistinctement au fur et à mesure du nettoyage des étables très-bon fumier

Dans le nord de la France, quelques fermiers portent la valeur du fumier des différents animaux au prix de :

Bêtes bovines 0,25 c. par tête et par jour.
    —   chevalines 0,16   —   —
    —   ovines   0,04   —   —
ce qui revient à environ 6 fr. les mille kilos.
Le parcage est côté par jour à 0,04.

Le fumier normal nous servant de base donnons
une analyse faite par MM. Boussin guault, de Gasparin et Payen et qui sert de type dans la science
agricole.

ANALYSE.

Matières organiques 19 20
Sels alcalins solubles 0 70
Carbonnate de chaux et de magnésie. 1 50
Sulfate de chaux 1 10
Phosphate de chaux 0 40
    id.   ammoniaco-magnésien 1 10
Matières terreuses 6 60
Eau 69 40
                                         100 00

Azote 0,40 0/0 du fumier.

Méthode pour supputer la quantité de fumier produite.

Sans s'arrêter aux différentes méthodes, qui toutes consistent à réduire la nourriture et la litière,
de quelque nature qu'elles soient, à l'état de siccité,
et de multiplier le résultat par un quotient quelconque, nous mentionnerons le tableau suivant
admis par M. Ed. Lecouteux et par les écoles actuelles.

Parties sèches des diverses denrées au point de vue des fumiers.

100 k. de foin contiennent parties sèches. 85
  — Trèfle vert 25
  — Pommes de terre 25
  — Carottes 13
  — Betteraves 15
  — Navets 10
  — Paille de litière 90

Multiplicateur des parties sèches par nature de bétail

Chevaux 1 30
Bœufs de travail 1 50
Vaches 2 30
Porcs 2 50
Bêtes à laine 1 20
Chiffre moyen 1 80

Le Chiffre moyen de Schwertz est de 1,875.

Avec ces données il sera facile au cultivateur de supputer chaque année, d'après les récoltes, ce qu'il achète, et sa consommation, la quantité de fumier qu'il devra produire et, par contre, connaissant l'épuisement de son sol, il verra si sa culture est améliorante et les modifications qu'il devra y apporter.

De la fabrication du fumier normal.

—

Etant admis en principe que les animaux sont mieux sur une litière propre que sur leur fumier, il y a cependant une pratique à suivre tout en tenant les animaux proprement.

L'écurie des chevaux doit être faite tous les jours ou tous les deux jours;

L'étable des bœufs peut n'être nettoyée que le dimanche;

La bergerie doit être nettoyée tous les mois; les parcs fixes sont curés tous les dimanches;

Les porcs demandent une grande propreté.

Les lapins, volailles, pigeons seront nettoyés tous les dimanches.

Et à moins de destination spéciale tous ces fumiers seront portés indistinctement soit sur la plate-forme, soit dans les fosses, et formeront par ce mélange un engrais très-puissant et d'un emploi sans danger.

Suivant les différentes natures de terre, le fumier doit être employé peu consommé ou à l'état de beurre. Ainsi les terres fortes et froides demandent des fumiers chauds et pailleux, tandis que les terres chaudes et légères s'accommoderont mieux des fumiers très-consommés et même un peu froids; mais le fumier *normal* plus ou moins fait, s'accommode avec toutes les terres bien travaillées.

Le fumier sorti des écuries ou étables est porté au moyen de brouettes-civières sur l'emplacement à lui destiné, soit plate-forme, soit fosse, où il doit subir ses transformations de fumier frais en fumier normal.

La question de savoir si l'on doit préférer la fosse à la plate-forme est encore très-contestable, et je suis pour l'Algérie de l'avis d'une société d'agriculture du midi de la France, qui préfère la plate-forme avec un toit abrit. De cette manière on surveille mieux si le fumier se fait également, il n'est jamais baigné, on humidifie les endroits qui en ont besoin, le chargement et la vidange en sont plus facile, et la fosse à purin existe également près des plates-formes.

En outre la fosse à fumier coûte beaucoup plus cher qu'une plate-forme.

La dimension des tas à faire, sur partie macadamisée de la plate-forme, doit être calculée sur la production mensuelle du fumier, les tas ne devant pas s'élever à l'état frais à plus de deux mètres de hauteur.

La plate-forme est entourée d'une rigole qui receuille le jus du fumier (purin) et qui le conduit dans une fosse *ad hoc* et couverte.

Le fumier est transporté sur le tas au fur et à mesure du nettoyage des écuries, il est bien étendu sur le tas, et on borde bien tous les bords de manière que les volailles n'aient pas de prise sur le parement bien serré et bien monté droit, en même temps que l'air n'y pénètre pas, ce qui occasionnerait le blanc ou moisissure : Le tas fini, bien égalisé à la partie supérieure, il convient de le recouvrir d'une petite couche de curure de routes ou de terre, qui absorberont les gaz qui s'en dégageront.

Si on a besoin de fumier consommé, et dans un temps très-approché, on l'arrose souvent avec du purin, ce qui active la fermentation.

Si, au contraire, on veut retarder cette fermentation on arrosera de temps en temps avec de l'eau ordinaire.

Dans ces conditions le fumier devient une masse homogène, en l'espace d'un mois de temps environ après la fin de sa confection.

Des fumures.

La quantité de fumure à appliquer est en raison directe de l'épuisement de la plante que l'on culti vera, sans jamais avoir à spéculer sur la vieille graisse accumulée dans le sol.

Pour supputer la quantité de fumier à porter sur le sol connaissant l'état de fertilité du terrain, on établit le tableau suivant.

DÉSIGNATION	Culture à faire après cette fumure	Récolte moyenne antérieure par hectare	Rendement espéré plein grain par hectare	ÉPUISEMENT E par HECTARE
		Kilos	Kilos	
Pièces de terre dite des 7 hectares. Fumure 1867.	1re année A	960	1800	9,6 × 1800
	2e année B	780	890	7,8 × 890
	3e année C	1230	2300	12,30 × 2300
TOTAUX.	3 ans.			X

Nota. — Ces chiffres ne sont cités que comme exemple de calculs à faire.

Et on aura ce que la sole dite des 7 hectares, exigera d'engrais pour la production, espérée et supputée de la 3e colonne; mais en bonne culture, devant donner plus que la consommation probable, on portera sur le sol plus de fumier que le chiffre total de la 5e colonne.

Sachant donc la quotité de la fumure à appliquer par hectare, connaissant le poids du mètre cube de fumier en tas, mesurant ce qu'une voiture peut en porter, on ordonnera au charretier en déposant les tas dans les champs de faire avec sa voiture six huit ou dix tas à des distances convenues, et on aura ainsi transporté la quantité voulue.

L'épandage se fait à la fourche, et la charrue vient enterrer.

Pour la quantité de fumier à porter sur le sol, en traitant le chapitre des assolements, nous parlerons de l'épuisement des plantes et il sera alors facile de supputer la quantité d'engrais à porter sur le sol pour chaque rotation différente, de chaque période culturale où se trouvera la terre.

Dans une ferme on devra toujours empêcher les employés de déposer toutes espèces d'ordures hors d'un lieu spécial, ou sur le tas de fumier. On devra organiser les lieux d'aisance sur le bord de la fosse à purin, de manière à ne pas perdre les matières fécales ;

Je préfère cette disposition, au travail de vider la tinette sur le tas de fumier, auquel cas, si on est obligé d'avoir des tinettes il conviendra de les verser de même dans la fosse à purin.

Des divers engrais.

Le cultivateur intelligent sait combien telle partie de sa propriété demande de fumier de ferme pour recevoir une fumure, mais comme il arrive le plus souvent que les fumiers manquent et que des engrais commerciaux ou autres peuvent les remplacer, il est utile que les habitants des campagnes aient un tableau d'équivalents, aussi juste que possible des divers engrais qu'on peut se procurer.

Empruntant à la chimie agricole de M. Rossignon une partie de ce tableau, je le donne à titre de renseignements, et puisse-t-il développer les idées des cultivateurs en leur montrant les ressources que l'on peut tirer des déchets de l'industrie et même des plantes, ce travail aura eu un résultat.

Il conviendra généralement lorsqu'on fumera des terres, de mettre d'abord du fumier de ferme et de compléter la fumure par les engrais commerciaux au lieu d'engraisser le sol avec ces derniers seulement.

Il y aura aussi un choix judicieux à faire quant aux natures de terres, mais le cultivateur intelligent nous dispensera d'un travail aussi long qui ne rentre pas dans le cadre de cet ouvrage.

Tableau des équivalents des engrais

Substances.	Azote pour 1,000 parties.	Équivalents.
Fumier de ferme.	4,0	K° 10,000
Paille de { Froment	4,9	8,160
Paille de { Avoine	2,8	14,285
Paille de { Orge	2,3	17,390
Paille de { Seigle	1,7	23,529
Fanes de { Betteraves	5,0	8,000
Fanes de { Pommes de terres.	5,5	7,272
Fanes de { Carottes	8,5	4,700
Herbe de prairies graminées.	5,3	7,547
Feuilles d'automne { Chêne.	11,7	2,777
Feuilles d'automne { Acacia.	5,3	7,434
Feuilles d'automne { Bruyère.	17,4	2,290

Touraillons		45,1	880
Racines de trèfle		1,6	24,800
Graines de lupin		34,9	1,140
Marc de raisin		18,3	2,185
Tourteaux de	Lin	52,0	769
	Colza	49,2	813
	Arachide	83,3	462
	Madia	50,6	790
	Coton	40,2	993
Eaux de féculeries		0,6	64,516
Excrements solides	Vache	3,2	12,500
	Cheval	5,5	7,270
Urine	Vache	4,4	9,090
	Cheval	2,6	1,530
Excrements mixtes	Vache	4,1	9,750
	Cheval	7,4	5,400
	Porcs	6,3	6,240
	Moutons	11,1	3,600
	Chèvres	21,6	1,850
Guano normal		49,7	884
Colombine		83,0	480
Litières de vers à soie		32,90	1,215
Chrysalides		19,14	2,061
Coquilles d'huîtres		3,2	12,500
Suie	Houille	13,5	2,962
	Bois	11,5	3,478
Vase de rivière (morlais)		4,0	10,000
Clair musculaire sèche		130,4	306

Sang	Sec soluble	121,8	[illegible]
	Liquide	[1]27,[illegible]	[illegible]
	Coagulé pressé	45,1	380
	Insoluble sec	148,7	[illegible]
Plumes		153,[illegible]	260
Poils de bœufs		137,8	290
Chiffons de laine		179,8	[illegible]
Rapure de corne		149,[illegible]	278
Os	Fondus	70,2	570
	Humides	53,1	[illegible]
	Gras	62,1	[illegible]
[Pain] de crelon		118,7	396
Noir de raffineries		10,6	3,770

Nota. — Ce tableau est basé sur l'analyse chimique quant à la première colonne. La deuxième colonne est une résultante faite d'après les chiffres de *Boussingault*, *Schvartz*, *Thaer*, *Hohenheim*, *Grignon*, et dans ce cas comme dans celui des équivalents nutritifs, l'École de Grignon dans ses expériences se sert les tableaux moyens et non de son tableau unique.

Engrais Ville

Dans ces dernières années, M. Georges Ville, professeur au muséum à Paris, a préconisé les engrais chimiques. Sans entrer dans cette étude, nous dirons que toutes les matières, quelles qu'elles soient, formeront un appoint heureux à l'accumulation des matières fertilisantes, que toutes elles sont appelées à venir suppléer au manque de fumier de ferme, mais aucune ne pourra le rempla-

De l'épuisement des plantes.

Les plantes poussent sur le sol, aux dépens de ce même sol et des engrais qu'on y a enfouis, en même temps qu'elles puisent une partie de leur nourriture dans l'atmosphère.

On appelle plantes améliorantes, les plantes qui, par leur débris et par leurs produits convertis en fumier, donnent un boni en production de fumier sur l'épuisement.

Ainsi une luzerne donnant 4,500 kilog. de foin sec par hectare a épuisé en engrais 27,000 kilog.

La luzerne consommée par les animaux donnera un produit en viande et un produit en fumier, en outre d'après les expériences de M. de Gasparin dans le département de Vaucluse, un hectare de luzerne contient 37,000 kilog. de racines, dosant 0,80 à 1,1 p. 0⁄0 d'azote, de sorte que l'on à la proportion suivante :

$3,700 \times 95 = 351$ k. d'azote $= 88,000$ kilog. fumier, et plus la terre sera meuble et riche, plus la luzerne développera de racines et plus elle enrichira le sol, c'est ce qui explique pourquoi on récolte plusieurs bons blés sur un défrichement de luzerne et sans fumer le sol.

Les plantes consomment toutes plus ou moins d'engrais, sont plus ou moins avide de cette nourriture et de cette manière des terres pauvres ont aussi leurs plantes.

Nous allons donner un tableau moyen d'après les expériences de M. de Gasparin, celles faites à Rovile et à Grignon, qui permettra, comme ensemble de se rendre compte des fumures épuisées et que l'on doit remplacer et quoique on ne considère ces chiffres comme invariables ils permettront cependant d'établir le bilan : Engrais.

PLANTES FOURRAGÈRES

	Par 100 kilog. de racines ou tubercules.	
Navet (épuise).	100 kilog. fumier.	
Pomme de terre.	75	—
Betterave.	65	—

	Par 100 kilog. de fourrage sec.	
Luzerne (épuise).	600 kilog. fumier.	
Sainfoin.	500	—
Trèfle.	400	—
Vesces et pois gris.	300	—

PLANTES CÉRÉALES

	Par 100 kilog. de grains.	
Blé (épuise).	640 kilog. fumier.	
Maïs.	510	—
Avoine.	600	—
Orge.	560	—

PLANTES INDUSTRIELLES

	Par 100 kilog. graines.	
Pavot.	1,100 kilog. fumier.	
Colza.	1,050	—
Ricin.	3,100	—
Arachides.	850	—
Gaude.	500	—
Sorgho à balais.	510	—

	Par 100 kilog. tiges sèches.
Lin et chanvre.	1,500 kilog. fumier.
Cardère	1,500 —
Tabac 100 kilog. feuilles. .	4,000 —
Garance — racines. .	2,000 —
Immortelles, terres pauvres, sèches.	
Lin pour grain très épuisant	
Coton, terres riches, épuisant.	
Sorgho à sucre.	600 —

De la conversion des plantes en fumier.

Les plantes sont consommées par les animaux ou par les industries, et leurs résidus doivent entrer dans la confection des fumiers.

Or, la conversion des produits agricoles en fumier se fait en recherchant la quantité de matières sèches contenue dans les aliments et la multipliant par le chiffre 1,80 ; mais le fumier peut être plus ou moins riche en azote, suivant les aliments donnés aux animaux, ou les débris d'industrie qu'on y aura mélangés.

Pour éviter les recherches et les calculs aux cultivateurs, je présenterai le tableau sous la forme suivante : (1)

(1) Les tableaux suivants ont été empruntés au traité des assolements de M. G. Heuzé, professeur d'agriculture à l'École de Grignon.

Pailles employées comme litières.

100 kilg. paille de céréales donnent 160 k. fumier.
—   maïs   —   —

Grains entrant dan l'alimentation.

100 kilg. grains d'orge donnent 145 kilg. fumier.
—   d'avoine   —   155   —

Racines et tubercules.

100 kilg. de betteraves donnent 35 kilog. fumier.

Plantes fourragères fauchables.

100 kilg. de foin naturel vert donnent 45 k. fumier.
—   —   sec   —   150   —
—   luzerne, sainfoin vert   —   45   —
—   —   sec   —   150   —
—   trèfle lupuline vert   —   45   —
—   —   sec   —   150   —
—   vesces, jarosses vert   —   45   —
—   —   sec   —   150   —
—   f. de chou et navet vert   —   20   —
—   Id betterave etc. vert   —   20   —

Il reste à faire l'application de ces tableaux à un assolement quelconque, tant pour l'épuisement du sol que pour la conversion en fumier des produits obtenus ; nous en donnerons un exemple en traitant des assolements.

Mais un tableau pratique n'étant jamais superflu, nous empruntons à M Heuzé, un tableau de M. de Gasparin et qui indique la quantité de foin qui est nécessaire dans une balance pour compenser l'épuisement des plantes sur leur production et fumier.

Ainsi dans un assolement, les terres cultivées en blé demandent en sus 160 kilog de foin par 100 kilog.

Seigle.   Demande.   100 k.   Foin.

Orge	160
Avoine . . .	186
Maïs . . .	80
Colza . . .	490
Pavot . . .	470
Tabac . . .	2650
Lin et chanvre . .	1000
Garance . . .	1330
Carotte et betterave	20
Pom. de terre . .	16
Navet . . .	50

et de cette manière en combinant un assolement et son épuisement on voit en représentant chaque sole par un combien il doit y avoir de terrain en prairies naturelles en luzerne, ce qui est la base de toute bonne culture.

CULTURE

DES

Plantes alimentaires et industrielles

avec ou sans irrigation.

On peut diviser les plantes en trois classes :
1. Plantes fourragères.
2. — céréales.
3. — industrielles.

Nous allons donc passer rapidement en revue les principales plantes qui sont avantageusement cultivées dans ce pays.

La Luzerne

Cette plante (Medicago Sativa L.) originaire de la Médie, appelée par Olivier des Serres : *la merveille du Mesnage*, est une plante vivace; elle végéte avec vigueur dans le nord, le centre et le midi de la France comme en Algérie; elle supporte les rigueurs de l'hiver comme en été elle se développe avec une grande vigueur dans les pays chauds si elle est arrosée, de sorte qu'en Algérie, sur le littoral elle est presque toute l'année en végétation.

Elle préfère des terres perméables, profondes, argilo-calcaires, argilo-siliceuses, calcaires-siliceuses, et redoute les terres compactes et humides.

Pour assurer la réussite d'une luzernière, il faut la semer sur un sol bien préparé et fumé, si une richesse accumulée n'y existe, les produits compenseront les sacrifices que le cultivateur aura faits.

Dans les pays méridionaux, il convient de semer la luzerne seule, vers la fin de l'automne (novembre) ou de bonne heure au primtemps. Dans le Nord de la France on la sème au primtemps dans les céréales d'hiver, ou sur les céréales de primtemps. Cette pratique doit être repoussée en Algérie, car la luzerne semée en bon temps, donne une coupe la première année.

Il convient de semer environ 25 kilog. de graines par hectare, quelques jours avant une pluie, et on enterre cette graine avec une ploutre ou des fagots, mais légèrement.

La graine pour germer, demande une température de 12 à 15 degrés et au bout de huit jours elle montrera ses cotylédons.

Il convient d'échardonner, et arracher le mieux possible les mauvaises herbes la première année, et cela au primtemps.

A la fin du mois d'avril, on fait la première coupe de luzerne ; la première année, il convient de ne pas trop forcer la végétation, afin qu'elle prenne bien racine.

Luzerne en terrain sec. — La luzerne donnera chaque année une bonne coupe vers la fin d'avril et un regain ou un bon pâturage vers la fin de juin et un petit pâturage pendant les beaux jours de l'hiver.

Pendant les grosses chaleurs de l'été, la luzerne semble disparaître.

Dans ces conditions la luzerne durera de six à huit ans, et lorsqu'on la défrichera on pourra cultiver deux ou trois belles céréales sans fumure.

Luzerne en terrain arrosable. — Lorsque l'on pourra arroser la luzerne, elle produira beaucoup plus, et pour avoir du foin à conserver on ne devra faire que les coupes suivantes :

1· Fin avril.
2· Deuxième quinzaine de juin.
3· Première quinzaine d'août.
4· Deuxième quinzaine de septembre.
5· Mi-novembre.

Soit environ tous les quarante jours.

Si cependant c'est de la luzerne verte que l'on veut faire consommer, on aura une coupe tous les trente jours, à partir du 1" avril et jusqu'à fin novembre ; mais la luzerne dans ces conditions ne dure que cinq à six ans au plus.

Rendement en foin. — Le rendement en foin est très variable, il dépend de la préparation du sol de sa richesse et des façons qu'on donne ultérieurement.

Le rendement de la 1" coupe peut s'élever jusqu'à 4 ou 4 mille 500 kilog. les autres sont toujours moins fortes.

Travaux d'entretien. — Quand la luzerne a deux ans, il convient chaque hiver de la herser énergiquement pour détruire les mousses, arracher les mauvaises herbes.

Si le sol de la luzerne n'est pas riche, on peut en novembre étendre du fumier en couverture et l'on aura soin au primtemps d'enlever les débris de paille s'il sont trop nombreux. (Rateau à cheval.)

De la graine. — On ne devra récolter la graine de luzerne que lorsque la luzernière sera prête à être défrichée, parce que cette production épuise beaucoup le sol, il faut de bonne luzerne pour rapporter 600 à 700 kilog. de graine à l'hectare. La graine de luzerne pèse de 76 à 78 kilog. l'hectolitre.

Plantes nuisibles. — En Algérie la *cuscute* est à redouter, il n'y a qu'un seul moyen de s'en débarrasser, c'est de brûler des herbes sèches ou du bois à l'endroit infesté, de le piocher, d'y semer des pommes de terre et on peut replanter en luzerne après.

Il faut bien se garder de faire de la graine sur des luzernières infestées.

Prix de la graine. — La graine vaut toujours 125 à 150 fr. les 100 kilog. on doit la prendre de couleur claire et ne sentant pas le rance, et n'en pas semer de plus de deux ans.

La luzerne est une plante qui joue un très grand rôle dans la culture moderne, ses qualités améliorantes sont spécifiées dans le chapitre des engrais.

M. de Gasparin dit qu'une bonne luzerne défrichée laisse dans le sol 37,000 kilog. de racines équivalant à 86,000 kilog. de fumier normal. Devant de pareils chiffres donnés par cet auteur on ne peut que répéter :

La luzerne et la plus belle des plantes fourragères.

De la vesce

La vesce (*vicia Sativa*) était connue des Grecs et des romains, et elle est réputée à bon droit une des bonnes plantes fourragères annuelles.

Cette plante qu'on peut semer dans les pays septentrionaux en automne comme au printemps, mais en automne en Algérie résiste très bien au gelées de l'hiver, si elle végète sur une terre saine.

Terrain. — Les terres calcaires-argileuses, calcaires-siliceuses, à sous-sol perméable, en un mot toutes les terres plutôt légères que fortes, sont celles qui conviennent le mieux à cette plante, surtout pour les semis d'automne et d'hiver.

Lorsqu'on la cultive pour fourrage, la vesce se contente pour donner des produits avantageux de terres d'une moyenne fertilité, mais si l'on veut laisser mûrir la graine, il faut pour avoir un résultat satisfaisant que le sol soit riche ou fumé exprès. En tous cas, fumant même pour du fourrage on obtiendra des résultats plus avantageux, et le fumier sera plus que compensé par l'augmentation du produit.

La vesce comme plante fourragère est une des plantes fourragères les moins épuisantes : c'est le fourrage du pauvre. (*Voir épuisement des plantes dans les assolements*).

Semences. — Il convient de semer la vesce avec une autre semence, dont les tiges lui serviront de tuteur. Ainsi avec de l'orge de l'avoine ou des féverolles et on semera par hectare 75 kilog. de vesces et 20 kilog. d'orge.

Dans beaucoup de circonstances 100 kilog. de vesces, serait un chiffre trop élevé, bien que lorsqu'on sème des plantes fourragères ou doive semer épais, mais il faut éviter que le foin ne se roule.

Les semences sont généralement d'un prix élevé en Algérie, parce que l'usage de cette plante n'est pas assez répandu. On devra donc faire sa graine si on ne veut pas être à court de semences. On peut pour fourrage vert, acheter la criblure de vesces de chez les meuniers.

Préparation et entretien. — La vesce n'est pas exigente pour la préparation du sol ; un labour ordinaire, semer et herser, telles sont les préparations que cette plante demande. La vesce est une de ces légumineuses que l'on a classé parmi les plantes étouffantes, de sorte qu'elle n'a pas besoin de culture d'entretien pendant sa croissance.

Récolte. — La vesce est bonne à couper comme fourrage à faire en sec à la fin de la fauchaison des prairies naturelles sèches, et cependant avant que toutes ses fleurs soient passées.

On a un bon pâturage après cette fauchaison, si mieux l'on ne préfère labourer et enfouir comme engrais vert et y semer du maïs qu'on pourra arroser, ou semer du sorgho comme plante fourragère, excellent pâturage si il ne devient fauchable.

Pour la graine il faut attendre la fin du mois de mai ou le commencement de juin pour en faire la récolte.

Produits. — De bonnes cultures de vesces ont donné des rendements considérables. Ainsi en Flandre on a obtenu 6 à 8 mille kilog. secs, mais pour rester dans une juste moyenne les terres donnant de 10 à 12 quintaux de blé produiront

  3,500 kilog. de vesces fourrage sec,
 ou 8,750 —   — vert,
 ou 1,000 à 1,200 — graines.

Pour la valeur nutritive de ce fourrage, voir le tableau des équivalents nutritifs dans le chapitre Bétail.

La graine de vesce pèse de 78 à 80 kilog. l'hectolitre.

—

Du maïs

Le maïs, ou blé de Turquie, (*Zea mays, L.*) plante monocotylédonée de la famille des graminées est originaire de la Turquie d'Europe et était connue en Grèce et en Italie bien avant la découverte de l'Amérique. On le cultive beaucoup en Algérie, et chez les Arabes il sert à l'alimentation de l'homme.

Variétés. — Il existe plusieurs variétés de maïs, les plus cultivées en Algérie sont : 1° maïs jaune gros ; 2° maïs blanc des Landes.

Terrain — Sur les terres à blé, le maïs réussit il aime les terres profondes, un peu fraiches, de bonne qualité, argilo-calcaires.

Cette plante étant épuisante doit être cultivée

sur des sols riches, même si on la cultive comme
plante fourragère, alors on peut dire que le fumier qui résulte de la consommation des tiges
et des feuilles vertes dépasse bien au delà la quantité d'engrais qu'elle exige et que doit contenir
la terre où elle est cultivée.

Culture et travaux d'entretien. — Le terrain doit
être préparé comme pour une plante sarclée, le
fumier enterré par un labour et la terre mise bien
meuble.

Lorsqu'on veut faire du fourrage, on sème à la
volée, et on enterre à la herse énergiquement.
Mais en Algérie on a d'autres fourrages verts, le
sorgho par exemple, nous nous abstiendrons de
parler du maïs comme fourrage vert spécial.

Le maïs pour graine peut se faire avec ou sans
irrigation ; on le sème généralement en ligne à la
main avec une petite charrue à un cheval qui ouvre une raie de 8 à 10 cent. de profondeur dans
un terrain labouré à plat, cette même charrue en
revenant couvre la semence, (méthode des environs de Montpellier).

Ou bien on plante avec une petite pioche, les
graines en lignes au cordeau dans un terrain labouré à plat.

Ou bien encore on laboure le terrain en billons
de 50 à 60 centimètres, et on plante le maïs à mi-
côte du billon.

*La méthode de la plaine de l'Hérault, du Langue-
doc remplace avantageusement le semis derrière la
charrue ordinaire tel qu'il se pratique ordinairement
en Algérie.*

Les lignes du maïs ne doivent pas être espacées
de plus de 75 centimètres.

Il convient de semer épais sur la ligne, il vaut
mieux éclaircir que d'avoir à repiquer des graines
ou des plantes. En semant sur la ligne on laissera
tomber un grain tous les 6 ou 8 centimètres, en

plantant on met 2 ou 3 grains dans chaque trou tous les 12 ou 15 centimètres.

Le maximun de semence ainsi dépensé ne s'élève jamais à 25 kilog. par hectare.

Le maïs se sème ou se plante depuis fin mars jusqu'en juin, si on a de l'eau d'arrosage ; tremper le grain une demi journée avant de le planter, est une bonne pratique ; plus longtemps dans le cas de grande sécheresse, on aurait compromis la germination.

Lorsque les plantes ont 12 ou 15 centimètres on les bine, plus tard on les pioche, on les butte ensuite, le butteur Dombasle est un bon instrument dans ces circonstances.

Lorsque l'on a semé tardivement et que l'on a de l'eau on doit arroser avant chaque opération.

Quand le maïs commence à prendre sa panicule on doit avoir fini toutes les façons du sol.

Le maïs à l'arrosage rapporte beaucoup, mais alors on ne doit pas le semer à la volée comme les Arabes, il faut le semer en ligne.

Récolte. — Le maïs murit du 15 août au 25 septembre, on arrache les épis et on les met en tas dans les champs et on les apporte sur l'aire à battre.

A cette époque de l'année, le temps change, les orages sont fréquents, la saison des pluies approche, il convient d'opérer vite.

Pour cela on dépouille le maïs de son enveloppe que l'on recueille avec soin à l'abri, car elle n'a de valeur qu'autant qu'elle est blanche, la pluie la fait noircir : les pains de maïs sont alors étendu sur l'aire pour bien sécher, et on se prépare à les battre.

Il y a des égreneuses à maïs, le travail se fait bien lentement, de sorte que le dépiquage par les pieds des chevaux est jusqu'ici préféré à tout autre système.

Produit. — Le rendement du maïs concorde à peu près avec celui du blé dans les mêmes terres, pourvu qu'on ne lui donne pas plus de richesse qu'au blé.

L'hectolitre de maïs pèse, suivant les variétés et la qualité, de 70 à 75 kilog. l'hectolitre.

Comme fourrage vert, le maïs rend de 25 à 30,000 kilog. à l'hectare, on le fait rarement sécher pour le conserver, il est toujours de qualité inférieure.

—

Du sorgho

Le sorgho (*Holcus*), plante monocotylédonée de la famille des graminées, par ses variétés nombreuses donne plusieurs produits différents.

Sorgho sucré pour le sucre
— pour fourrage vert.

Sorgho à balais pour les panicules, la tige servant comme fourrage à conserver.

Sorgho blanc ou bechna pour graine.

Climat. — Le sorgho est originaire des Indes Orientales, il est aussi connu depuis très long-temps dans la Sénégambie et la Nigritie, il mûrit très-bien ses graines dans la région méditerranéenne et donne un bon fourrage vert jusqu'à dans le département de la Seine-et-Oise et végète très-bien jusqu'au cap de Bonne-Espérance.

Terrain. — Cette plante demande une terre légère, profonde, riche, contenant du calcaire (on sait l'influence que la chaux exerce sur les plantes saccharines).

Le sorgho est aussi épuisant que le maïs.

Culture. — En Chine on fait des semis et on repique le sorgho. Quand on le cultive pour fourrage ou comme plante saccharifère, il convient de le semer à la volée, et quand on recherche les panicules, il est préférable de le semer en lignes.

Il est nécessaire que la terre soit bien préparée, bien ameublie avant de semer cette graine.

La graine de sorgho pèse de 60 à 65 kilog. à l'hectolitre et le kilog. contient environ 45,000 graines.

On voit par là que la quantité de semence à appliquer par hectare ne doit être que de 4 à 5 kilog.

Si on plante en ligne, on binera, on buttera, on arrosera un peu.

Les semis ou la plantation se font à la fin d'avril, dans le mois de mai.

Récolte. — Comme fourrage vert on commence à le couper fin juin et jusqu'en août, on aura ensuite un regain qui peut devenir fort si on l'arrose. On obtient des rendements considérables, dans le terrain frais surtout.

Les animaux étant très avides de ce fourrage on devra leur en donner avec grande précaution pour éviter des accidents (*indigestion et non empoisonnement.*

Pour la récolte des tiges afin d'en extraire le sucre, on attend que la graine soit bien mûre, vers le mois de septembre, on coupe alors les tiges le plus bas possible, des ouvriers les effeuillent et enlèvent les panicules, les tiges dépouillées sont mises en tas et envoyées à la fabrique.

M. Hardy, directeur du jardin d'acclimatation à Alger, dit qu'on a obtenu jusqu'à 80,000 kilogs de tiges effeuillées à l'hectare, mais cela devait être dans des conditions exceptionnelles, aussi prendrons-nous comme moyenne de 35 à 40,000 kilos par hectare.

Pour la récolte de la panicule, comme matière à fabrication du balai ; lorsque la graine est presque mûre on va couper les panicules au premier nœud au dessous de leurs points d'intersections et on les rapporte à la ferme, on les suspend la tête en bas pour les faire sécher et on égrène ensuite. Après la récolte des panicules on coupe les tiges pour les animaux.

Les Arabes récoltent le bechna, comme il est dit pour le sorgho à balai, mais ils apportent les panicules sur l'aire où ils les battent aux pieds des chevaux.

Produits : Ils sont très variés.

Fourrage vert . . . . 55 à 65 mille kilog.
Tiges effeuillées pour sucre. 35 à 40 —   —
Graines bechna . . . . 2,000 à 2,500 —   —

Il y a quelques années on a fabriqué du sucre en Algérie, et malgré la richesse qui s'élevait à 6,5 pour cent de sucre, comme les produits n'étaient pas très-beaux on a suspendu les travaux. (Le prix et la qualité de la main-d'œuvre laissant aussi à désirer).

La graine de bechna, dont les moineaux sont très-avides est une des bases de l'alimentation des Kabyles.

(Le sorgho sucré contient environ 60 pour cent de jus dosant de 16 à 20 pour cent de sucre)

De la pomme de terre

Cette plante alimentaire est une dicotylédonée de la famille des solanées, *(solanum tuberosum L.)* elle paraît avoir été importée du Brésil en Irlande dès 1565 ; son apparition en France remonte à 1616, époque à laquelle on en servit à la table du roi, cependant Olivier des Serres, n'en parle que comme plante fourragère.

En Allemagne on l'appelle le PAIN DES PAUVRES ; il existe un très-grand nombre de variétés, la grosse jaune est la meilleure pour la grande culture et la vitelloté longue pour les jardins.

Climat. — La pomme de terre vient dans toute la France, ne craint ni le froid ni le chaud, les extrêmes de température ne font que diminuer son rendement en poids et en fécule. Mais les produits s'élèvent à des quantités considérables en Angleterre, en France, en Allemagne et sur le littoral Algérien.

Terrains. — Dans les terrains profonds, riches, à sous-sol perméable, les tubercules se développent avec facilité et en abondance. Dans les pays froids, les sols silico-argileux, sablonneux, calcaires lui conviennent; dans le midi de la France, en Algérie, il convient de la cultiver dans les terrains argilo-siliceux, argilo-calcaires, parcequ'alors elle souffre moins des chaleurs.

Culture. — La terre a besoin d'être bien fumée, bien travaillée à cause des nombreuses racines de cette plante. Des expériences faites par Arthur Young sur des terres fumées à des doses différentes confirment que le produit est en raison directe du fumier appliqué. Sur un hectare fumé à 130 mètres cubes il obtint 350 hectolitres de tubercules.

En Algérie, on peut faire les pommes de terre d'hiver, de printemps et d'été à l'arrosage, (M. Fruitié, de Chéragas, près Alger, a obtenu il y a quelques années des produits remarquables en quantité, mais à l'arrosage).

La pomme de terre se plante en ligne, soit à la charrue toutes les deux raies, soit après labour à la binette, et 35 à 40 centimètres sur la ligne.

La quantité de tubercule à employer pour la plantation varie entre 12 et 18 quintaux à l'hectare.

Dans les pays froids on en plante jusqu'à 2,500 kilog.

Pour planter il est préférable de choisir des tubercules moyens, à défaut on prend de gros tubercules que l'on coupe en deux ou trois, et seule-

ment en cas de disette, on prendra des petits tubercules.

*La plus belle semence ne donne-t-elle pas les plus
beaux produits !*

Les soins d'entretien sont indiqués dans les travaux mensuels du calendrier, on bine, on butte.

La maturité se reconnaît à la dessication des fa-
nes. Il est bon de bien laisser mûrir les tubercules
et de ne les arracher que par un temps sec.

Produits. — Les produits les plus abondants sont
ceux obtenus par les plantations d'automne. Il y a
de si grandes différences, qu'on ne peut que dire
avec des variétés de choix dans de bonnes terres,
avant la maladie on a obtenu 240 quintaux métri-
ques par hectare, comme moyenne d'une pièce de
29 hectares. (Grignon)

125 quintaux par hectare est un bon rendement
dans les conditions actuelles en France, à cause de
la maladie ; mais en Algérie le chiffre moyen de
rendement ne s'élève guère à plus de soixante
quintaux à cause du manque de fumure et de la
mauvaise culture.

La pomme de terre renferme beaucoup de fécule
aussi en extrait-on, le rendement varie entre 10
et 15 pour cent, le résidu de fabrication est entièrement consommé par les animaux.

En Prusse, en Irlande, on fait de l'eau-de-vie de
pomme de terre, et on obtient jusqu'à 20 pour
cent d'alcool à 75°

On fait cuire la pomme de terre et elle sert à engraisser les animaux.

Cette plante est donc une plante de choix puis-
que ses produits sont utilisés comme matières alimentaires et industrielles.

Des Céréales

Sous cette dénomination, nous comprenons blés, orges, avoines, seigles ; dont les variétés multiples sont répandues sur presque toute la surface du globe, mais dont la culture appartient principalement aux climats tempérés.

Ces plantes se cultivent en Algérie ; les plus répandues sont le blé et l'orge ; l'avoine est cultivée pour l'exportation, le seigle pour sa paille.

DU BLÉ. — Nous diviserons les blés en blés tendres et en blés durs, ou en blés barbus et en blés non barbus.

Les blés barbus sont à préférer parce que cette même barbe et sa glume semblent défendre le grain contre les suites des brouillards. Quant à choisir entre les blés tendres et durs, il n'y a guère que la spéculation qui puisse fixer le choix, et les expériences locales.

Parmi les blés tendres qui réussissent bien aux environs d'Alger, on a le blé de Mahon, le blé d'Odessa, le blé richelle de Naples.

Pour les blés durs, les blés de Médéa et de Tittery n'ont pas de supérieurs. Le blé Bouritcha ou double de Pologne donne bien des produits de qualité supérieure, mais il est trop difficile au battage.

DE L'ORGE. — Les Arabes cultivent l'orge à six rangs, elle est plus rustique que les autres.

L'AVOINE. — Celle qui produit le plus et qui est très-estimée est la petite avoine de Brie très-rustique et donnant même des produits très-considérables.

Culture. — Les céréales pour être cultivées avec avantage, veulent que la terre soit déjà dans la période de la culture céréale, c'est-à-dire qu'il y ait de l'engrais accumulé dans le sol. (Voir épuisement des plantes dans les engrais).

Ces céréales viennent dans toutes les terres, elles demandent de la silice et de la chaux ; mais il faut que la terre soit plutôt forte que légère.

Après les cultures sarclées les céréales viennent sur un seul labour, autrement il est préférable de donner deux labours croisés à un certain intervalle.

Le dicton populaire :

Le seigle se sème en terre poudreuse,
Et le blé en terre boueuse.

Peut s'appliquer en Algérie en mettant l'orge à la place du seigle.

L'orge a besoin de moins d'humidité pour germer et par conséquent peut se semer beaucoup plus tôt et beaucoup plus tard.

Les céréales semées sur des terres labourées, sont hersées ensuite énergiquement, après cette opération on a soin de nettoyer les raies d'écoulement des eaux.

On sarcle les céréales au printemps, on les herse ensuite, et on les roule suivant les besoins, on les sarcle encore si besoin est au mois d'avril.

Si les céréales sont trop fortes en février on peut les faire pâturer par les moutons, sans crainte, pourvu que la tige ne soit pas encore nouée. Après cette opération on hersera avec une herse à dents de bois et on n'arrachera pas de pied.

Le blé se sème du 15 octobre au premier janvier à raison de 90 à 110 kilog l'hectare, et se récolte alors dans la première quinzaine de juin. Le blé tendre se récolte avant que le grain ne soit trop sec ; il faut qu'il puisse encore se couper avec l'ongle. Pour le blé dur on le laissera complètement mûrir sur pied, on le coupera en dernier lieu.

L'orge peut se semer aux premières pluies d'automne, surtout pour faire consommer comme fourrage vert, on sème alors jusqu'à concurrence de 125 kilog. l'hectare. (L'auteur a semé 150 kilog. sur des terres labourées en été et a obtenu un produit remarquable).

Orge employé comme fourrage vert. (Voir Vesces).

L'orge cultivée pour la graine se sème du 15 octobre au 15 janvier dans la même proportion que le blé (en poids), mais elle mûrit 15 jours plus tôt que le blé semé en même temps qu'elle. On récoltera un peu avant complète dessication du grain, le grain est plus beau.

Il est préférable de semer l'orge un peu tardivement pour éviter les ravages des moineaux lorsqu'elle mûrit longtemps avant le blé.

L'avoine se sème à tort ou à raison lorsqu'on ne peut plus semer les autres céréales ; il est vrai que lorsque le printemps et long et pluvieux on obtient quelque fois une bonne récolte, mais en assignant comme dernier délai des semailles de céréales la première quinzaine de janvier, on reste dans le vrai.

Nota. — Les Mahonnais ne veulent plus semer de blé après Noël.

L'auteur préfère semer l'avoine en même temps que le blé, si même d'abord, car elle craint beaucoup le siroco, il convient donc de la semer de bonne heure, et semer l'orge ensuite ou même l'orge après le blé pour terminer alors.

On sème l'avoine à raison de 100 kilogs l'hectare, elle ne craint pas d'être récoltée un peu verte même par un temps qui présage la pluie, l'avoine aime le javelage et ne craint pas un peu d'humidité. L'avoine est mûre avant le blé, si elle est faite en même temps que lui, si elle a été semée après, la maturité a lieu en même temps.

Le Seigle n'est guère cultivé que pour la paille en Algérie, encore des plantes indigènes le remplacent-il avec avantage. Il doit être semé de bonne heure, pas si épais que le blé, et être récolté avant complète maturité des grains.

Produit. — Les produits des céréales sont assez variables, ils dépendent de la fertilité du sol, du travail que ce dernier a reçu, de la température favorable ou défavorable de l'année, de la bonne exécution des divers travaux.

Dans les terres en période de culture céréale on aura les rendements proportionnels suivant, suivant, en poids pour le grain.

Blé 10, orge 13,5, avoine 13, seigle 12.

Pour la paille on aura, proportionnellement au grain. (Expérience faite à Grignon.)

Pour le blé 2 fois le poids du grain.

—	orge	1	—	3|4	—
—	avoine	1	—	3|4	—
—	seigle	2	—	1|4	—

Prenons en outre les expériences suivantes, d'après Nadaud de Buffon une récolte de blé faite dans des conditions normales est composée des éléments suivants :

Grain.	25 p. 0|0 de son poids.
Balles	6
Paille marchande.	55
Paille brisée et déchets.	11
Total	100

M. de Gasparin donne les moyennes :

Grain.	22.8 p. 0|0 de son poids.
Balles.	4.0
Paille.	57.7
Chaume.	15.5
Total.	100.»

Et la moyenne est sensiblement la même que celle des expériences de Grignon.

Grains. — Le poids du grain varie à l'hectolitre.

Blé   75 à 80 kil. l'hecto. et même 83 kil.
Orge   60 à 65   —   quelquefois 67 —
Avoine 48 à 52   —   grands écarts.
Seigle 70 à 74   —

L'hectolitre s'entend mesuré au chevalet et par le vendeur, et non librement par l'acheteur.

Battage — Cette opération peut se faire de bien des manières différentes, suivant le produit que l'on veut retirer de la paille.

Pour le seigle il faudra battre au chevalet quelquefois même au fléau, on nettoie la paille et ensuite on la bottelle.

Pour vendre la paille de blé à l'administration, il faut battre avec une machine battant en long, ou au rouleau, mais alors avec des ouvriers très-intelligents.

Les instruments de battages dans les fermes sont :

1. Fléau.
2. Dépiquage simple.
3. Rouleau mu par des animaux marchant en dehors.
4. Rouleau avec dépiquage.
5. Machine à battre à manège ne faisant que battre.
6. Machine à battre à manège battant et vanant.
7. Machine à battre à vapeur.

De tous ces moyens, le plus commode dans les grandes fermes comme dans les moyennes, est le sixième par la raison que tous les jours le grain est rentré en sac et que la machine DAMEY, a donné les résultats suivants aux environs d'Alger et sur des récoltes moyennes :

Chez le sieur F. Ratel des Quatre Chemins, 25 quintaux de blé mis en sac, la meule de paille faite avec le concours de 4 petits chevaux arabes et de 7 hommes ; chez MM. Albert Darru, de Chebli ; Papougnot, de Chebli ; Céleri, de Chebli ; Mourgaud, de Birtouta les résultats ont été les mêmes.

MM. Garcin et Vaissier voisins des personnes ci-dessus, ont l'année suivante fait emplette d'une machine semblable.

—

Du Tabac.

Le tabac (*Nicotiana tabacum*), plante dicotylédonée, de la famille des solanées, est originaire de l'Amérique méridionale. Cette plante est cultivée en Belgique, en Hollande, en France, en Algérie... il y a des pays où la culture en est libre; d'autres où elle est restreinte comme en Angleterre, en Espagne, en Toscane...

En France, c'est le gouvernement qui a le mopole du tabac, et la production française en 1856 a été de 15 millions de kilog. de feuilles représentant une valeur de 12 millions de francs ; et il en est importé d'Algérie et des colonies des quantités considérables.

Les variétés du tabacs sont très-nombreuses, notre cadre ne nous permet pas de les décrire toutes. Celles cultivées en Algérie sont :

Le tabac de Chebli ;

Le tabac dit Maryland ;

Le tabac gros dit Allemand.

Terrain. — Le tabac préfère des sols de consistance moyenne, les terres franches ou argilo-siliceuses, profondes, riches, perméables.

Le tabac est une plante très-épuisante et qui donne des produits en rapport direct comme qualité et quantité avec la fertilité du terrain et la fumure qu'on lui a appliqué *ad hoc* (Voir le tableau épuisement des plantes, à l'article fumier.)

Semis. — Pour cultiver le tabac on commence par faire des semis qui doivent être échelonnés de 15 en 15 jours pour avoir du plant de même, et ne pas faire courir à son semis les mêmes risques.

Les semis se font sur des plates-bandes bien travaillées, assainies, fumées, recouvertes de terre; elles ont un mètre de large et la longueur est proportionnelle à la quantité d'hectares que l'on veut faire de cette culture, il vaut mieux en avoir plus que moins. On compte un mètre carré de planches pour 1000 plants.

On sème environ la valeur d'un dé à coudre de graines par mètre et on remue légèrement la surface pour enterrer la graine, d'autres frappent le sol avec un battoir.

On couvre ensuite les semis de paillassons dont le cadre repose sur des piquets à hausse afin que l'air circule entre les paillassons et le sol; d'autres personnes se contentent de mettre des rejetons de jujubier, mais l'emploi de paillassons est préférable. On doit enclore le terrain où l'on fait les semis.

Ces semis se font du 15 octobre au 15 janvier, tant pour les plantations dans les terrains secs, élevés, chauds, non soumis à l'arrosage, que pour les terrains froids ou soumis à l'arrosage.

On doit par précaution, si les semis ne sont pas aussi satisfaisants qu'on le désire, vers le mois de février, en faire d'autres sur couches chaudes et qui en moins de deux mois donneront des plants bons à repiquer.

Les semis se soignent comme ceux des salades, on doit les garder contre les merles et autres animaux, il est bon de les tenir couverts pendant la nuit, mais que les paillassons ne soient pas trop près des plantes ce qui se fait au moyen de piquets à hausse.

On surveillera si la moisissure ne prend pas après la racine des plantes, dans ce cas on ferait vite d'autres couches.

Si l'on est pressé d'avoir du plant on l'arrosera

pendant les beaux jours avec de l'eau dans laquelle on aura mis de la bouse du cheval ou du jus de fumier, mais si peu à la fois.

Préparations des terres et plantations. — Les terres ont besoin d'être riches, profondes et bien préparées. Dans les terrains secs non irrigables on plante à plat du premier mars au 15 avril, dix jours après on remplace les pieds qui n'ont pas pris.

Dans les terres irrigables on peut planter de bonne heure, si le terrain n'est pas humide, et dans les plaines on plante jusqu'à dans la deuxième quinzaine de juin, mais alors le terrain est préparé en petits billons.

Dans tous les cas, pour assurer la reprise du plant, il est bon de l'arroser après la plantation et généralement au bidon comme pour les plantes potagères.

Dans les terrains secs on plante plus épais que dans les terrains soumis à l'arrosage où le développement folliacé est plus considérable. Les plants sont toujours mis environ deux fois plus serrés sur la ligne que la distance des lignes ne l'est; ainsi, 35 sur 60, 40 sur 80, et ainsi on plante de 40 à 32 mille pieds à l'hectare.

Il convient de combler les vides le plus vite possible afin que la plantation soit égale et que l'on puisse soigner comme il convient. Pour prendre les plants dans les semis, on doit d'abord les arroser afin d'arracher les plants avec tout leur chevelu. Quelques personnes coupent l'extrémité des feuilles, et avant la plantation trempent les racines jusqu'au collet dans un baquet dans lequel on a délayé de la bouse de bœuf ; ces précautions sont bonnes à suivre, et en se conformant aux soins de la culture potagère on a des résultats satisfaisants.

Culture d'entretien. — Aussitôt la reprise assurée, environ 15 jours après la plantation, il convient de

biner les pieds. L'époque du binage et du buttage
se trouvent suffisamment indiquée par l'état de la
terre et de la plante (environ de 1 mois à 1 mois
et demi après).

Ecimage et ébourgeonnage. Lorsqu'on reconnaît
que le pied de tabac a acquis sa grandeur et que le
bouton à fleur est prêt d'être formé, il convient
d'écimer la plante de toute la partie supérieure,
composée des petites feuilles ; dans la pratique on
reconnaît facilement le moment et la place de cette
opération.

Ensuite, tous les trois ou quatre jours, on fait
tomber avec le doigt les bourgeons qui naissent à
l'aisselle des feuilles.

Récolte. Lorsque la pointe supérieure des feuilles commence à jaunir, on dit que le tabac est mûr.
On fait la coupe *à tir et aire* tous les deux jours ;
alors avec une serpette on le coupe au pied et on
le dépose doucement sur le sol où il se fane un
peu, on ne doit couper que l'après-midi, après la
forte chaleur et par le beau temps, le tabac fané
est transporté avec précaution à la ferme, quelquefois on le met en petits tas dans les hangars
avant de le pendre afin d'y développer un commencement de fermentation qui lui est favorable
pour prendre une couleur jaune. Cette opération
est délicate, car le tabac s'échauffe vite et se brûle.

Le tabac est ensuite pendu pied à pied à des ficelles, de manière que le pied du deuxième soit à
mi hauteur du premier plan et ainsi de suite jusqu'à ce que la tête du dernier pied soit à 50 centimètres du sol. La corde s'allongera, mais il convient que le tabac ne touche pas le sol et ait de
l'air par dessous, les lignes de ficelles doivent être
à 25 centimètres en tous sens.

On peut approximativement calculer sur 250
mètres cubes de hangar par hectare de tabac et
par coupe.

Le tabac sèche sur les cordes, il lui faut un mois et demi on le dépend ensuite avec précaution par un temps doux et humide et on le transporte dans un magasin pour le manoquer, on le met ensuite en pile où il se ressuie par une fermentation, on le remue, le bottelle et on le vend ensuite.

2° Récolte. Dans les sols secs et soumis à l'arrosage on peut en plantant de bonne heure faire une deuxième récolte, elle consiste :

Aussitôt que l'on a coupé le pied de tabac à 5 centimètres environ au-dessus du sol, il se produit une végétation nouvelle qui donne naissance à des bourgeons. Lorsque la première coupe est faite ce qui ne doit pas durer plus de 15 jours, on ne laisse pousser qu'un seul rejeton à chaque pied, on arrose, on pioche ensuite..... comme à la première coupe.

Cette deuxième récolte ne vaut pas en qualité la première, mais faite dans de bonnes conditions on a encore des tabacs de bonne qualité qui se récoltent en août et même en septembre.

Enfilage. Les Arabes récoltent les feuilles sur le pied au fur et à mesure de leur maturité, les enfilent et pendent les ficelles horizontalement.

Les Européens ne font cette opération que pour les feuilles qui étant près de terre mûrissent avant les autres.

Cette pratique est à étudier.

Produits. La quantité varie suivant les espèces et la qualité qu'on recherche ainsi :

Le Chebli ne donne guère plus de 7 quintaux environ pour la 1re coupe et par hectare ;

Le tabac allemand a donné à l'auteur jusqu'à 22 quintaux dans un hectare et une coupe mais à l'arrosage, cependant on ne doit calculer que sur douze à quinze quintaux comme moyenne.

Arrachage. Après la récolte il convient de faire passer un homme avec une pioche pour arracher les pieds. Ce travail qui revient de 8 à 12 fr. l'hectare, empêche une végétation inutile, aux dépens du sol. C'est une bonne pratique.

De la graine. Les portes-graines sont choisis parmi les sujets qui ont le caractère de la qualité que l'on veut conserver. On ne les écime pas, et lorsque la graine est prête de mûrir, on l'enferme dans du papier ou de la toile pour la mettre à l'abri des oiseaux. On la récolte ensuite en coupant la tête et on la tient dans un endroit sec jusqu'à ce que l'on veuille s'en servir.

Les feuilles de ce pied se récoltent en les enfilant.

Durée du tabac. Le tabac jusqu'ici n'a été cultivé que comme plante annuelle.

L'auteur a pourtant vu à la ferme la Caroline appartenant à M. le Colonel Marengo, des champs d'un demi hectare chaque, de tabac de deux et trois ans et qui ont donné des produits satisfaisants.

Il convient jusqu'à ce que la pratique ait prononcé de ne cultiver le tabac que comme plante annuelle.

Du coton

Le cotonnier (*Gossypium herbaceum L.*) plante dicotylédone de la famille des Malvacées, plante connue de l'antiquité, originaire des pays chauds et l'Algérie est appelée à prendre rang dans ces pays, mais comme extrême culture ; il s'en cultivait 1,925 hectares en 1856, et en 1865 les plantations se sont élevées jusqu'à 4,250 hectares.

Il existe deux variétés principalement cultivées en Algérie : Le coton courte-soie et le coton Géorgie longue-soie.

Terrain. — Le coton aime les terres profondes de consistance moyenne, fraîches, riches, à sous sol perméable. Dans ces conditions il atteint jusqu'à 1 m. 50 de hauteur.

Comme épuisement du sol, voir le tableau du chapitre des engrais.

Préparation du sol. — On prépare le sol d'une manière complète et on le dispose en billons de 80 centimètres à un mètre de distance d'axe en axe, si on doit le cultiver à l'arrosage.

Pour la culture sur les sols secs on laboure à plat et on plantera au cordeau, le raies tous les 70 centimètres.

Semaille. — L'époque pour les terrains secs est au mois d'avril. Pour les parties destinées à l'irrigation, on peut semer jusqu'au 15 mai ; plus tard, la réussite serait compromise.

La graine doit être plantée à cinq ou six centimètres de profondeur, elle veut n'être que recouverte de terre, toute croûte gênerait la germination. On sème trois ou quatre graines ensemble et sur la raie tous les 35 à 50 centimètres suivant le mode de culture.

On emploie de cinq à huit kilos de graines à 1 hectare.

Travaux d'entretien. — Aussitôt que le plant a quelques centimètres de haut il convient de biner afin de dégager la croûte qui peut serrer le pied.

Environ un mois après la levée des graines on devra sarcler le terrain s'il est labouré à plat, mais si la plantation est faite en billons, le sarclage se confondra avec le piochage qui aura lieu de 45 à 60 jours après la plantation.

Des arrosages modérés suffisent pour le coton ; des arrosages trop répétés dans des terres riches pousseraient trop à la production herbacée et la fructification arriverait trop tardivement.

Quand arrive le mois d'août, il est d'une bonne pratique de faire le *pincement* de l'extrémité supérieure de la plante ; la sève est refoulée et les fleurs ou les capsules en profitent.

Le coton courte-soie profite plus vite que le longue-soie, il mûrit avec une moins grande quantité de chaleur.

Récolte. — La récolte ne commence que vers le mois de septembre, elle doit être faite avec soin, dès lors il convient de ne plus arroser.

On récolte tous les deux jours les parties mûres et en faisant des choix. Il faut bien faire sécher avant de mettre en ballot.

La récolte doit se faire avec beaucoup de soin en ayant un tablier à plusieurs poches afin de ne pas mélanger les qualités, la main-d'œuvre à employer doit être de préférence les femmes et les enfants.

Dans les années où l'hiver est précoce, les récoltes tardives sont compromises ; on doit donc préférer les espèces hâtives, et pratiquer le pincement.

Produits. — Le coton courte-soie donne en moyenne 1,000 à 1,200 kilos à l'hectare de coton brut qui donne environ le tiers de net.

Ces produits ont même été dépassés dans la province d'Oran. Pour la province d'Alger on arrive en moyenne à 5 ou 6 cents kilos.

Le coton Géorgie longue-soie rend moins en quantité brute et nette mais a plus de valeur vénale.

La valeur des produits a subie de grandes fluctuations dans ces dernières années, mais cette culture est introduite à jamais en Algérie.

On peut égrainer le coton avant la vente, mais la vente brut est généralement la meilleure pour le cultivateur. Il y a du reste des machines à la portée de tout le monde pour faire cette opération.

—

Du lin

Le lin. — (*Linum usitatissimum L.*) plante dicotylédone de la famille des linées, est cultivé dans les pays les plus froids ainsi qu'en Algérie où il donne des produits remarquables tant comme qualité de filasse dans la paille, que comme richesse d'huile dans la graine.

Les variétés sont nombreuses mais pour le colon algérien il en existe deux principalement cultivées :

Le lin commun dit d'Italie.

Le lin fin dit de Riga.

Terrain. — Le lin demande des terres franches, douces, plutôt sablonneuses que compactes, des terrains profonds à sous-sol perméable, des terres fraiches, riches.

Le lin est épuisant voir le tableau au chapitre enfrais.

Culture. — Le lin veut une terre bien préparée pour être semé. Il succède très-bien à une culture sarclée, alors il s'enherbe moins.

Le lin pour graines se sème du 15 novembre au 15 janvier. Celui pour filasse peut se semer du 15 janvier au 1er Mars, dernière limite dans les années moyennes. Le premier se sème à raison de 90 à 100 kilos à l'hectare, pour le second on peut semer jusqu'à 125 kilos à l'hectare.

On sème à la volée sur hersage par un temps présageant la pluie et on recouvre avec une traîne ou un rouleau ou une herse légère à dents de bois.

Quand le lin a dix centimètres de hauteur, il convient de le sarcler, on peut même y faire passer les moutons qui n'attaquent pas le lin. Il convient de bien sarcler le lin, parce que la récolte en deviendrait trop difficile.

Récolte. — Le lin pour paille se récolte lorsque la graine commence à prendre la couleur paille, on l'arrache à la main, on le dépose sur le sol vingt-quatre heures, on le ramasse en grosses bottes qu'on dispose en tas debout sur le sol, on le laisse sécher un peu et on le rentre trois jours après. Cette opération revient de 75 à 100 francs à l'hectare lorsque le lin est bien fourni et peut donner de 3,000 à 4,000 kilos de bottes à l'hectare.

Le lin pour graine peut s'arracher, mais généralement on le faucille en ayant soin de le débarrasser des mauvaises herbes, on le lie en grosses bottes comme pour le lin pour filasse et la récolte se paie de 25 à 30 francs à l'hectare.

Battage. — Le lin pour filasse s'égrène au moyen d'un peigne qu'on fixe sur un banc et on bat la graine ensuite au fléau.

Le lin pour graines peut se battre au fléau, au rouleau, au dépicage, à la machine à battre, mais il convient de ne pas trop abîmer la paille qui peut avoir une certaine valeur.

La graine se nettoie au tarare avec des grilles spéciales.

La graine de Riga pèse de 62 à 65 kilos l'hectolitre, celle dite d'Italie pèse de 68 à 70 kilos.

Produits. — Le lin de Riga cultivé pour filasse rendra

3,000 à 3,500 kilos paille.
400 à 500 kilos graine.

Le lin dit d'Italie, cultivé spécialement pour sa graine qui est plus grosse, donne de 1,000 à 1,200 kilos de graine par hectare dans les bonnes terres à blé.

Voir du reste le chapitre épuisement des plantes dans les engrais.

Plusieurs usines se sont installées en Algérie pour utiliser la paille de lin, il est à espérer que d'autres s'établiront pour la graine qui outre l'huile pour l'industrie donnera des tourteaux pour les bestiaux.

Du colza

Le colza, (*Brassica campestris*) plante dicotylé-

donc de la famille des crucifères demande un climat tempéré. Il ne craint pas le froid, mais il redoute les chaleurs brûlantes au moment de la maturité et cependant il réussit bien dans plusieurs
localités de l'Algérie.

Terrain. — Le colza demande des terres plutôt fortes que légères, silico-argileuses, argilo-silicieuses,
argilo-calcaires, profondes, riches, à sous-sol perméable ; (à Bouffarik on a obtenu de bons résultats).

Cette plante qui végète sur toutes les terres, demande pour fructifier avec avantage que le sol ait
été primitivement bien fumé (voir épuisement des
plantes chapitre engrais).

Engrais vert. — On s'est servi du colza à Grignon pour améliorer les terres en l'employant comme engrais vert, il a rendu de grands services dans
la première période de culture. Enfoui en vert, il
permet de faire une demi récolte par l'engrais
qu'il a donné à la terre.

Semis. — On prépare d'abord des semis fin août
et au mois de septembre. Cette graine plus rustique
que celle du choux peut se semer en semis de pleine terre ou en semis de jardin. Dans le premier
cas, un hectare de semis, qui ne demande qu'une
préparation semblable à celle que demande la luzerne, suffit pour planter 6 à 7 hectares. Si le semis
mieux soigné se fait dans un jardin, on compte que
le mètre carré donnera 5 à 600 plants. Les semis
quels qu'ils soient ont besoin d'être faits sur terres
riches et doivent être soignés, des beaux plants
dépend le succès de la plantation.

Plantation. — Le terrain fumé, bien labouré,
prêt à recevoir le colza, on peut faire la plantation
avant hersage en suivant les lignes de labour, on
plante toutes les deux ou trois raies et à 40 ou 50
centimètres sur la raie.

Les plantations les meilleures se font de fin octo-

bre au 15 décembre ; celles de printemps réussissent moins bien.

On plante de 20 à 22 mille pieds à l'hectare. On
a soin de combler les manques aussitôt qu'ils se forment.

Cultures d'entretien. — Le colza végète rapidement, il convient de le biner lorsque la terre le
réclame ; le piochage se commence en janvier et se
poursuit jusqu'en mars suivant les plantations hâtives ou tardives.

Pour cette culture il convient d'avoir une houe
assez large et peu profonde pour racler l'intervalle des lignes lorsque les herbes apparaissent. Avec
un instrument semblable, en 4 ou 5 journées un
homme a passé un hectare. A Grignon cette opération se paie à 8 francs à l'hectare.

Le colza se développe si rapidement après le
piochage qu'il étouffe presque toutes les mauvaises
herbes.

Pincement. — Une bonne opération, que le colza
vienne grand ou reste petit est le pincement. Cette
opération consiste à casser avec la main l'extrémité de la plante lorsqu'elle est prête d'arriver à sa
hauteur. Il se développe alors des bourgeons à
chaque feuille et tous portent graines ; la maturité
est aussi plus égale.

Récolte — On récolte le colza en coupant le pied
avec la faucille. On ne doit pas craindre de couper
trop tôt, car trop tard la graine serait répandue sur
le sol.

L'époque de la coupe se reconnaît lorsque les
feuilles sont jaunes, commencent à sécher et que le
tiers des siliques inférieures est parfaitement mûr.

La récolte se commence mi-mai et se poursuit
jusqu'ou 15 juin suivant les époques diverses de
plantation Elle ne doit se faire que le matin et le
soir, les siliques s'égrainant par le choc pendant
la chaleur du jour.

Les pieds coupés sont déposés sur place, couchés sur le sol, plusieurs pieds ensemble jusqu'à ce qu'ils soient complètement mûrs.

Battage. — Lorsque les pieds qui javellent ainsi sont mûrs, on dispose dans les champs des bâches *ad hoc* tous les cent mètres. On le fixe solidement. On leur fait un bourrelet sur les bords, et on apporte d'un rayon de 50 mètres, sur cette bâche, tous les pieds de colza qui sont alors battus au fléau. Le transport se fait au moyen de civières garnies afin que les graines qui tombent ne soient pas perdues. Le nettoyage des graines se fait au râteau et ensuite au tarare.

Produits. — La production en graine est très-variable. Sur de bonnes terres à blé, fumées comme il le convient pour cette culture, elles suivent le rendement du blé ; si des circonstances fâcheuses ne viennent diminuer la récolte.

La graine pèse de 67 à 70 kilos l'hectolitre.

La paille doit servir pour mettre sous les meules, de cette manière on n'a pas besoin d'acheter des fagots pour faire les sous-traits. On a environ 1.75 de paille pour 1 de graine.

Culture en place. — Quelques personnes préconisent la culture en place soit comme semis à la volée ou semis en lignes, on éclaircit ensuite.

Pour se prononcer *à priori* sur le choix de telle ou telle manière, le problème est difficile, il faut connaître les circonstances dans lesquelles les expériences ont été faites. Jusqu'à présent, les cultivateurs en général, ont donné la préférence au semis et au repiquage ensuite.

Ricin

Cette plante cultivée comme plante annuelle dans certains pays est vivace en Algérie. La France étant tributaire de l'étranger pour cette graine, il conviendrait de propager cette culture.

La terre bien préparée au printemps, le ricin planté à raison de 2,600 pieds à l'hectare donnera une petite récolte la première année, mais les années suivantes on obtiendra des produits considérables.

La récolte se fait en coupant la cime des plantes lorsque les coques sont presque mûres et on les étend sur une aire *ad hoc* où elles finisent de mûrir. Il y a des variétés dont les coques ne s'ouvrent pas toutes seules à maturité ; ces variétés sont préférables pour la récolte mais alors moins faciles pour le battage.

On peut obtenir dans la deuxième année de 8 à 10 quintaux de graines par hectare, les cultures annuelles pouvant se faire à peu de frais, on obtient donc des résultats satisfaisants.

La graine pèse 42 à 44 kilos l'hectolitre.

Une usine qui fabrique de très bonne huile est installée depuis plusieurs années au Ruisseau près Alger et assure un débouché à tous ces produits.

L'huile de ricin est employée en pharmacie, mais l'industrie en consomme aussi beaucoup.

Diverses cultures

Il y a beaucoup d'autres cultures à propager en Algérie, exemples :

PAVOT OPIUM. — Le payot opium vient très-bien dans les jardins ; quelques graines que l'auteur avait jetées à Birtouta, au printemps dernier, ont poussé avec tellement de vigueur, leurs têtes ont eues tant de sève, que je suis disposé l'année prochaine à en semer d'autres pour en récolter la résine.

La culture des autres pavots devrait être essayée en grand.

ARACHIDE. — L'arachide ou pistache de terre que l'on mange à l'état de graine torréfiée est très-riche en huile. Le Sénégal en expédie beaucoup en France.

Cette plante réussit très-bien dans toute l'Espagne et sur tout le littoral méditerranéen.

Cette plante, qui demande des terres faciles, est très-épuisante ; mais les produits sont recherchés par les usines de Marseille.

RESEDA. — Lorsqu'une plante se trouve à l'état sauvage dans un pays, et que cette variété (*gaude*) est employée par l'industrie, ne pourrait-on pas cultiver la variété plus appréciée ?

Il en est ainsi du réséda qui donne la couleur jaune.

IMMORTELLE. — L'immortelle qui vient en très-belles touffes sur les rochers derrière le grand séminaire de Kouba, a les fleurs si belles qu'on les croiraient cultivées.

La France achète encore chaque année pour près de un million de francs d'immortelle à la Sicile et aux îles Ioniennes. Beaucoup de côtes arides en Algérie pourraient être utilisées à ce produit de grande valeur.

DES SOINS

A DONNER AU BÉTAIL.

De l'engraissement et de l'amélioration du bétail.

L'auteur croit pouvoir réunir en un seul titre tout ce qui concerne le bétail ; car l'engraissement et l'amélioration dépendent des soins que l'on donne.

Grouper en tableaux tout ce qui concerne : la vie, la reproduction, l'âge, les vices redhibitoires, les aliments divers avec leurs équivalents nutritifs, les maniements pour reconnaître les animaux gras, le rendement en viande, des divers animaux gras ; tout ceci a paru à l'auteur le meilleur moyen de réunir dans un petit cadre, les enseignements utiles se rapportant aux animaux.

Les chiffres ci-dessous mentionnés, lorsqu'ils ne portent pas de noms d'auteurs, sont pris soit dans les résultats des expériences faites à Grignon, ou dans les publications de MM. Lefevre de St-Marie, Rendu, Victor inspecteurs généraux de l'agriculture etc, etc. Bernis et Lescot vétérinaires principaux de l'armée d'Afrique ; tous les chiffres sont applicables à l'Algérie, l'auteur a abandonné ce qui était exclusif à la France.

—

Des soins proprement dits

La propreté des écuries et des animaux, la salubrité des habitations, la nourriture saine, et régulièrement distribuée, un travail réglé sans jamais surmener les animaux. Telles sont les premiers préceptes d'une bonne hygiène.

Tous les animaux aiment la propreté, même le

porc qui se porte d'autant mieux que sa couche est plus propre et qu'il peut prendre des bains. Certains préjugés répandus, tels que le nettoyage à des époques fixées et non quotidiennes, sont autant d'erreurs à faire abandonner.

De la reproduction chez les animaux domestique.

Cette chaîne qui se renouvelle sans cesse, de la naissance, de l'âge de puberté, de la durée de la gestion et de la mort, nous a suggéré d'établir le tableau suivant :

ANIMAUX	PUBERTÉ	GESTATION	Grande durée de la vie
			ans
Jument et ânesse	3 ans	11 mois	25 à 30 [a]
Vache	2 —	9 —	20 à 25
Brebis	10 mois	5 —	18
Truie	8 —	115 jours	15
Chienne	8 —	63 —	20
Lapin et lièvre	3 —	31 —	6 à 7
Poule	6 à 8 —	1 à 2 —	
Dinde	10 —	2 à 3 —	
Écureuil			7 à 8
Renard			14 à 15
Chat			15 à 16
Ours et loup			18 à 20
Rhinocéros			20 à 25
Tortue			110
Éléphant			400
Baleine			1000 [b]
Lion			70 [c]
Dauphin et espadon			30
Aigle			103 [d]
Cygne			307
Pélican			60

[1] On en a vu de 62 ans.

De la connaissance de l'âge chez les animaux domestiques.

—

Les gravures de l'Atlas publié par le même auteur que cet opuscule, montrent les différentes formes et figures que prennent les dents aux différents âges, mais l'explication ci-dessous vient compléter ces indications :

—

De l'âge du cheval

—

Sortie des pinces		20° jour.
— mitoyennes		40° au 50° jour.
— coins		6 à 10 mois.
Rasement des pinces		10 à 12 mois.
— mitoyennes		15 mois.
— coins		18 à 20 mois.
Eruption des pinces		2 ans 1|2 à 3 ans.
— mitoyennes		3 ans 1|2 à 4 ans.
— coins		4 ans 1|2 à 5 ans.
Rasement.		
	Pinces	6 ans. Forme elliptique des dents.
Mâchoire inférieure	Mitoyennes	7 ans.
	Coins	8 ans. Apparition de l'étoile dentaire.
	Pinces	9 ans.
Mâchoire supérieure	Mitoyennes	10 ans 1|2.
	Coins	11 1|2 à 12 ans.
Toutes au complet.		

---

[2] On en a vu de 22 ans (?).

[3] D'après Cuvier.

[4] Un au jardin zoologique de Londres.

[5] A Vienne. 6 squelettes de M. Mellerton

Mâchoire inférieure	Pinces	9 ans. Disparition de l'émail dentaire ; forme arrondie des dents.
	Mitoyennes	10 à 10 ans 1[2 Etoile dentaire augmentant.
	Coins	11 à 12 ans.
Toutes au complet		13 ans. Email central disparu.
Mâchoire inférieure	Pinces	14 ans. Forme triangulaire.
	Mitoyennes	15 ans.
	Coins	16 à 17 ans.
Mâchoire inférieure		16 à 20 ans. Forme triangulaire.
Mâchoire supérieure		15 à 17 ans. Perte de l'émail central.

Avancement d'âge d'un poulain. — Arracher mitoyennes après éruption des pinces à 2 ans 1[2. Avancement de quelques mois.

Arracher coin après éruption des mitoyennes, on gagne 8 à 10 mois. Examiner l'arcade dentaire.

Cheval bègu. — Regarder la dent ; ces chevaux sont en retard pour la marque, le cornet dentaire est plus profond vers 8 ans.

Cheval faux bègu. — Persistance de la cheville émailleuse, forme des dents et longueurs, 12 à 13 ans.

De l'âge du bœuf

Sortie des pinces et 1re mito.		à la naissance.
—	2e mito.	5e au 10e jour.
—	coins	10e au 20e jour.

Rasement des pinces...... 10 mois.
— 1res mitoyennes. 1 an.
— 2es — 15 mois.
— coins.......... 18 mois.

Eruption : *Races tardives* *Races améliorées*
Pinces...... 18 à 24 mois 18 à 24 mois.
1er mitoyen. 2 à 3 ans. 2 a. 4 m. à 2 a. 6 m.
2es — 3 à 4 ans. 2 ans 1|2 à 3 ans.
Coins....... 4 à 5 ans. 3 ans à 3 ans 1|2.

Rasement :
Pinces...... 5 à 6 ans.
1res mitoyen-nes, pinces ni-velées....... 6 à 7 ans.
2es mitoyen-nes, 1res mitoy. nivelées...... 7 à 8 ans.   } 1 an de différence.
Coins, 2es mi-toyennes nive-lées......... 8 à 9 ans.
Les dents s'é-cartent de.... 9 à 10 ans.
Etoile dentaire carrée dans les pinces et les 1res mitoyen-nes................... 10 à 11 ans.
Dans les coins.......... 13 ans.

De l'âge du mouton

Sortie des pinces et 1res mitoyennes.... 8 jours.
— 2es — 15 —
Arc complet............ 3 mois.
Eruption : *Races tardives* *Races améliorées*
Pinces...... 15 à 18 m. 1 an.

1er mitoyen.   2 ans.   18 mois.
2e   —   2 1/2 à 3 ans   2 ans 3 mois.
Coins . . . . .   4 ans.   3 ans.

CORNES

51 à 54 centimètres. . . . .   1 an.
Accroissement : 13 à 16 centimètres. .   2 ans.
                8 à 11   —   3 ans.
                5 à 8   —   4 ans.
On compte généralement le premier cercle pour
3 ans et chaque autre pour un an. (chez le bœuf)

De l'âge du chien

—

Eruption des pinces. . . . .   2 mois.
    —   mitoyennes. . . . .   3 mois.
    —   coins. . . . .   4 mois.
    —   crochets. . . . .   5 mois.
Dents fraîches sans usure. . . . .   1 an.
Rasement pinces. . . . .   2 ans.
    —   mitoyennes . . . .   3 ans.
    —   pinces supérieures. . . . . .   4 ans.
    —   mitoyennes supérieures.   5 ans.
Les dents jaunissent.

De l'âge du porc

—

1re dentition achevée de. . . . . . .   3 à 4 mois.
2e dentition : crochets. . . . . . .   8 à 10 mois.
Pinces. . . . .   10 à 17 mois.
Mitoyennes inférieures. . . . . .   20 à 24 mois.
    —   supérieures. . . . . .   2 ans à 2 ans 1/2.

Des vices rédhibitoires

CHEZ LES ANIMAUX DOMESTIQUES

La loi du 20 mai 1838 est venue régler l'honnêteté dans les échanges ou ventes d'animaux, en sauvegardant les intérêts de l'acheteur qu'un vendeur peu scrupuleux aurait pu tromper en connaissant seul les défauts cachés, apparents par moments, des animaux domestiques.

Un décret du 30 janvier 1859 a reconnu deux nouveaux cas rédhibitoires dans le cheval :

1° La méchanceté ;

2° La rétivité.

Le code civil, très précis sur ce chapitre, traite cette question, articles 1641 et suivants ; nous y renvoyons donc et établissons le tableau suivant :

POUR LE CHEVAL, L'ANE ET LE MULET

1° Fluxion périodique des yeux	30 jours.
2° Epilepsie ou mal caduc	30
3° Morve	9
4° Farcin	9
5° Maladies anciennes de poitrine ou vieilles courbatures	9
6° Immobilité	9
7° Pousse	9
8° Cornage chronique	9
9° Tic sans usure des dents	9
10° Hernies inguinales intermittentes	9
11° Boitteries intermittentes pour cause de vieux mal	9
12° Méchanceté (déc. du 30 janv. 1859) qui dit-on est abrogé ?	9
13° Rétivité —	9

Le jour de la livraison n'est pas compté. Le délai est augmenté d'un jour pour chaque cinq myriamètres de distance du domicile du vendeur au lieu où l'animal se trouve.

ESPÈCE BOVINE

1. Phthisie pulmonaire ou pomme-lière . . . . 9 jours.
2. Epilepsie ou mal caduc 9
3. Suite de non délivrance, lorsque le part a eu lieu chez le vendeur 9
4. Renversement du vagin, lorsque le part a eu lieu chez le vendeur 9
Mêmes délais et conditions que pour le cheval.

ESPÈCE OVINE

1. Clavelée (un seul animal atteint en-traîne la restitution du troupeau) . . . . 9 jours.
2. Sang de rate. 1|15° du troupeau . . . 9
Mêmes délais et conditions.

ESPÈCE PORCINE

Ladrerie . . . . 9 jours.
Mêmes délais et conditions.

Du bétail algérien en général

L'Algérie comme chaque pays a ses races d'animaux propres. La nature a doté ce pays d'animaux rustiques, sobres, très-nerveux, en un mot réunissant toutes les qualités nécessaires pour résister à un climat inégal lorsque les hommes par des soins ne viennent pas les garantir de ces influences.

Cette grande question du bétail algérien a été traitée à plusieurs reprises, tant particulièrement, qu'à la chambre consultative d'agriculture (1865-1866), à la société d'agriculture d'Alger par M. Bernis ancien vétérinaire principal de l'armée d'Afrique, et par son successeur M. Lescot. Je vais essayer de résumer en quelques mots les opinions d'hommes très-autorisés à traiter cette question.

De l'espèce chevaline

En Algérie, deux races principales de chevaux se rencontrent : la race barbe qui se trouve principalement sur le littoral, et la race arabe noble que que l'on trouve dans l'intérieur, au Maroc en Tunisie et en Egypte.

Les chevaux arabes (barbe ou arabe pur) ont fait leurs preuves dans les guerres de Crimée, d'Italie, voilà pour le cheval rustique, de fatigues, et même de privations. Sous le rapport du cheval de course, si la vitesse déjà très-grande (1,500 mètres en 1 minute 45 secondes), n'équivaut cependant pas tout à fait à celle déployée par les vainqueurs étrangers sur les hippodromes de France, « dit M. Richard, du Cantal, cela tient sans doute, » à l'entraînement, l'alimentation, le harnache- » ment, le savoir même des jockeys, etc....

» On ne peut pas contester dit M. Bernis : que » tout ne démontre que la nature a constamment » travaillé à doter de bons matériaux le cheval de » nos possessions du nord de l'Afrique. Personne » n'ignore qu'il fut autrefois ce coursier Numide » qui jouissait d'une si grande réputation et dont » il est tant parlé dans presque tous les au- » teurs de l'époque romaine. »

Le cheval arabe a de la taille, il n'arrivera jamais

il est vrai à faire un cheval de gros trait, mais il fera un cheval à deux fins, et même par des soins, une nourriture appropriée on pourra en faire un cheval de trait moyen.

Pour dire un mot du MULET qui a rendu de si grands services pour les convois militaires en Algérie, et qui est si estimé des kabyles, on peut demander que des encouragements nombreux soient donnés à ce genre d'élevage. Les mulets sont toujours chers, très-rustiques, sobres, vivant longtemps, généralement doux et peu entêtés en Algérie.

De l'espèce asine.

Les animaux de cette espèce ont toujours rendus de grands services en Algérie. Dans les villes, ils charrient les matériaux de construction, ils servent d'animaux de bât pour le nettoyage, ils s'attellent aussi, enfin, l'âne est un animal très-précieux, rustique, très-sobre, et sans lui, certaines routes inaccessibles n'auraient pu être faites sans des dépenses beaucoup plus considérables.

De l'espèce bovine

Cette espèce d'animaux a occupé particulièrement les colons. De nombreux essais ont été faits : l'importation de races françaises ou étrangères, le croisements des différentes races, etc. Mais il est de l'avis de tous, qu'on n'a pas suffisamment étudié les races d'origines algériennes, races que la nature a doté de qualités remarquables.

Sous le point de vue d'animaux de travail, le bœuf arabe est rustique, très-fort, courageux, résistant, je ne puis mieux faire pour rappeler les travaux faits sur ces matières là que d'emprunter les extraits suivants :

« Malgré son état d'infériorité dont elle tend à se relever de jour en jour, la race bovine algérienne possède des qualités précieuses qu'une hygiène mieux entendue, de la part des indigènes surtout, ferait tourner au profit de l'agriculture. Robuste, elle résiste à la fatigue, aux intempéries, aux privations de toutes sortes, mieux que la plupart de nos races françaises. Très-forte malgré sa petite taille, elle possède une aptitude incontestable pour les travaux agricoles, elle s'engraisse facilement, sa docilité est très-grande, et la fécondité de ses femelles proverbiales. Enfin le seul reproche sérieux qu'on puisse lui faire c'est d'être mauvaise laitière et peu précoce. Parfaitement proportionnée, dans sa petite taille, cette race est bien l'expression vivante du climat chaud qu'elle habite, et qui la fait passer par des alternatives de sécheresse, de froid humide, de disette et d'abondance, auxquelles ne résistent habituellement, dans le jeune âge que les sujets nés à terme et d'une conformation d'élite...

» Les tentatives pour améliorer l'espèce bovine doivent être subordonnées aux besoins de la population et aux exigences de l'exportation. Pour arriver à ce résultat désiré ou exigé, il faut : premièrement, remédier aux causes qui la maintiennent dans un état d'infériorité relative. Or, comme nous l'avons dit, la cause principale existe dans le sevrage prématuré et les privations de toutes sortes, notamment pendant l'hiver. Elle réside également dans ces accouplements de hasards résultant d'une promiscuité continuelle entre des bêtes des deux sexes et de tout âge. Ces causes connues, il n'est pas impossible de les combattre et de les atténuer...

» C'est encore par un supplément de nourriture,

distribué à temps opportun et régulièrement, que
d'heureux changements se perpétueront dans l'espèce. Les reproducteurs mâles et femelles, mieux
entretenus, dès leur naissance, seront plus robus-
tes et plus forts ; leur taille et leur volume plus
avantageux, se transmettront plus sûrement à leurs
produits. »

*(Chambre consultative d'agriculture 1865, rap-
porteur M. Lescot)*

Sous le point de vue laitier, il est vrai que les
vaches arabes ne sont pas de premier choix, mais
aussi vais-je citer l'extrait suivant :

« Il est même des nourrisseurs qui préfèrent aux
grandes vaches françaises les vaches du pays (notamment celles de Guelma) comme étant moins en-
combrantes, plus rustiques, d'un entretien plus
facile. Ces nourrisseurs pourront affirmer qu'avec
une alimentation d'une nature semblable à celle
qu'ils donnent aux autres bêtes de même espèce,
ils obtiennent de 7 à 8 litres de lait, et cela, ils ajou-
tent que ces vaches séparées de leur veau ne retien-
nent point leur lait comme le prétendent ceux qui
leur préfèrent les grandes laitières de races euro-
péennes.

« Les petites vaches du pays, rustiques et fécon-
des suffisent aux modestes besoins des indigènes
et des colons nouvellement installés. »

*(Rapport au sujet du taureau sarbabol, 1861,
Lescot).*

Par ces documents authentiques nous voyons que
la race bovine indigène a des qualités remarquables, qu'elle est essentiellement rustique et que
par elle-même elle peut être facilement améliorée,
aussi bien que par des croisements choisis.

Espèce ovine

« C'est dans l'intérieur de l'Algérie, dans le sud,
que les troupeaux sont les plus nombreux et les
plus beaux, la multiplication est considérable,
mais exposée, comme l'espèce bovine, à toutes les
vicissitudes atmosphériques et à la disette, alors
que les herbes sont rares, ou desséchées, les troupeaux sont souvent décimés sur une large échelle,
par le sang de rate ou la cachexie, suivant la saison
ou les lieux. »

« Depuis 12 ans cette précieuse espèce est l'objet d'une attention sérieuse de la part du gouvernement de l'Algérie, qui pour améliorer les toisons a
fait de nombreux essais sur les troupeaux du sud.
La sélection, par les béliers et les brebis les mieux
conformés, et les plus fins de toisons, n'ayant donné que des résultats à peu près négatifs, la petite
race mérine d'Arles ou de la Crau a été introduite
par son Son Ex. M. le maréchal Randon, alors général et gouverneur de l'Algérie, et c'est par les
soins de M. Bernis, que la première installation
a eu lieu..... »

« Les résultats obtenus jusqu'à ce jour ont été
très-satisfaisants, augmentation de laine en quantité et en qualité, comme viande de boucherie
poids et qualité, les métis de la Crau ne le cèdent
en rien à la moyenne de l'espèce pure du sud. »

(*Chambre consultative d'agriculture* 1865, *M. Lescot*).

En résumé l'Algérie est dotée d'animaux types
de toutes races, c'est par la bonne agriculture que
l'on pourra transformer suivant les besoins les différentes races d'animaux. Soins judicieux, choix
des reproducteurs, bonne alimentation, tels sont
les points sur lesquels l'éleveur doit se guider.

Des équivalents nutritifs

L'herbe verte et le foin sec sont la nourriture indispensable de la plupart des animaux. Or il peut arriver que ces aliments manquent, il faut donc les remplacer en partie par d'autres, et, il est d'une sage économie rurale de se rendre compte au commencement de chaque campagne agricole des ressources que l'on a en magasin, afin par des ensemencements divers ou par l'industrie se procurer les ressources alimentaires suffisantes

Les produits les plus à la portée des cultivateurs algériens sont les suivants, mais il faut les donner avec circonscription et jamais pour remplacer complètement le foin et la paille ; la proportion dans laquelle on doit les faire entrer dans l'alimentation ne doit pas excéder la moitié de la ration, et la quantité de cette nourriture qui remplace un kilog de foin est appelée son équivalent nutritif.

Les chiffres mentionnés dans les tableaux ci-après ont été obtenus en prenant la moyenne de toutes les expériences et des calculs faits jusqu'à ce jour, ce sont ceux adoptés à Grignon.

TABLEAU DES ÉQUIVALENTS NUTRITIFS

ALIMENTS					
FOURRAGES SECS	K.	FOURRAGES VERTS	K.	PAILLES ET TIGES SÈCHES	K.
Foin ordinaire de prairie	100	Herbe de pré	450	Paille de blé 1re qualité	235
Id. choisi, très bonne q.	98	Luzerne jeune	174	Id. 3/4 partie inférieure	280
Id. de regain	91	Id. ordinaire	205	Id. 1/4 sup.avec l'épi vide	138
Trèfle rouge ap. la graine	145	Trèfle rouge en fleur	304	Id. orge	400
Sainfoin	90	Id. avant la fleur	267	Id. avoine	220
Vesces coupées en fleurs	100	Trèfle rampant	370	Id. pois	150
Pois gris, Bisailles	140	Sainfoin	302	Id. lentilles	157
Maïs en fleur séché à l'air	287	Vesces	370	Id. haricots	425
Feuilles sèches de tilleul	79	Millet	425	Id. maïs	300
Id. de chêne	83	Choux à vaches	548	Balles de blé	135
Id. peuplier du Canada	125	Maïs coupé à la floraison	329	Id. d'avoine	149
Id. d'orme	110	Orge	450	Id. de pois	167
id. de vigne	124	Avoine	350	Id. colza et chou	200
Id. de mûrier noir	115	Ajonc pilé	155		
Id. de frène	105	Colza et navette	475		
Id. d'érable	110	Fanes de carottes	178		
Id. d'acacia	105	Id. de betteraves	575		
Lentillon	146	Moha de Hongrie	275		

ALIMENTS

GRAINS, FARINES, SONS	K.
Blé dur	48
Blé tendre	61
Seigle	77
Orge	65
Avoine	60
Id. aux mag. mil. de Paris	68
Riz du Piémont	96
Maïs nouvellem. recolté	47
Feverolles	41
Vesces	41
Haricots blancs	34
Lupin	28
Lentilles	34
Glands secs	82
Id. verts	359
Sorgho	67
Fèves de marais	39
Colza	41
Noix mondées	44
Son de froment	84

TUBERCULES, RACINES	K.
Pom. de ter. patraq. jaune	253
Id. ordinaires crues	201
Id. cuites	173
Bet eraves blanch. Silésie	326
Id. rouges à sucre	256
Carottes	270
Navets	497
Chcux-raves	320
Citrouilles	624
GRAINS, FARINES, SONS	
Son de seigle	71
Pain de munition	400
Id. blanc de Paris	93
Id. de blé, seigle et orge	115
Id. le son de seigle et orge	111
Seigle cuit	33

TOURTEAUX, RÉSIDUS	K.
Tourteau de lin	58
Id. colza	41
Id. chenevis	68
Id. pavots	51
Id. d'arachides de cortiq.	14
Marc de raisin séché à l'air	58
Id. distillé	261
Résidu d'amidonerie	150
Id. de féculerie de p. de t.	292
Id. de distillerie de grain	215
Lait de vache	10
Résidu de féculerie de p. de terre cuites	140

Ration de nourriture des animaux
domestiques.

—

Il importe de se rendre compte des provisions qu'il convient d'avoir dans une ferme pour l'alimentation des animaux, afin de pouvoir aux époques convenables acheter les denrées alimentaires ou en vendre.

Dans les expériences nombreuses qui ont été faites, le foin de prairies naturelles a été pris comme unité de matière alimentaire, afin de s'en rapporter au tableau des équivalents nutritifs le foin étant coté 100.

Les chiffres mentionnés ci-dessous sont ceux résultant des expériences faites à Grignon :

Ainsi une vache pesant 250 kil. poids vif, à une ration de 3-33 °{. consomme son poids de foin dans le mois, soit 12 fois son poids dans l'année. On peut ainsi, si l'animal est moitié de temps au pâturage, supputer à 6 fois son poids de provision de nourriture....

Suivant le genre de travail ou de produit que l'on demande d'un animal, sa nourriture devra se composer d'aliments se rapportant aux besoins de l'animal pour rendre le service qu'on exige de lui. Ainsi un cheval de labour devra avoir un maximum d'alimentation en foin, tandis que le cheval de cabriolet devra l'avoir en grain. A une vache laitière il conviendra de lui donner de la nourriture aqueuse ; etc., etc....

besoin du miel dans les hivers rigoureux, abritez-le contre le froid, tels sont les secrets d'une bonne réussite.

Plantez dans votre jardin des bandes de romarin qui vous donneront double produit : 1. les abeilles butineront presque toute l'année ; 2. la plante brûlée dans vos appartements détruira beaucoup d'insectes.

Le *Calendrier de l'apiculteur*, par M. Bœusch, membre de la Société d'agriculture, propriétaire de nombreux ruchers, étant le résultat d'une longue expérience dans ce pays, doit être consulté ; aussi le recommanderons-nous spécialement.

Loi sur les abeilles. — La loi de 1791, qui a porté des atteintes à la culture des abeilles, a été bien modifiée dans ses applications, espérons que le code rural qu'on élabore reviendra sur ces principes.

Voir aussi articles 54 du code civil, 454 du code pénal (arrêt de Cassation du 14 mars 1861), etc., qui règlent cette matière.

DES VOLAILLES

Les volailles forment une ressource bien précieuse dans les fermes, mais l'élevage, les soins reviennent assez chers. La basse-cour ne doit rien coûter, elle doit utiliser les débris, et l'on peut supputer la quantité de volailles qu'une ferme peut contenir.

Dans Seine-et-Oise on a autant de têtes de volailles de reproduction qu'on ensemence d'hectares de céréales. Le produit des couvées devant ou remplacer les vieilles têtes ou être vendu à l'âge de trois mois.

La réussite d'une basse-cour dépend principalement des soins hygiéniques.

Un poulailler exposé au soleil levant, fermé l'hiver, treillagé l'été, nettoyé tous les dimanches, les juchoirs sont passés à la flamme au moyen de torches de paille, les nids pour pondre étant disposés de manière à ce que la poule se croie cachée, etc., etc.

Les oies sont à écarter des fermes, elles sont trop dévastatrices.

Les canards coûtent à élever, mais si on a de l'eau, ils prospèrent très vite et sont d'un bon revenu.

DE L'ADMINISTRATION DES EXPLOITATIONS RURALES.

La partie la plus difficile de l'exploitation agricole est l'administration. Diriger une entreprise est une tâche d'autant plus difficile que les objets de l'entreprise sont plus variés.

Pour savoir commander il faut savoir obéir, c'est-à-dire savoir exécuter.

Rien n'est fixe en agriculture, le chef doit avoir une instruction agricole complète afin de modifier ses travaux suivant les circonstances très changeantes de température, saisons, époques, capital, bouleversements indépendants de la volonté, etc.

Dans une exploitation rurale, la comptabilité est la clef de la réussite. Comme tout doit être passé

par *Doit* et *Avoir*, il en résulte qu'en fin d'exercice
on se rend compte des opérations heureuses et
malheureuses, des circonstances qui ont influé,
enfin on voit si on doit continuer ou changer la
spéculation.

L'œil du maître est plus nécessaire en Algérie,
pays qui commence, où les ouvriers ne sont pas
encore dressés aux bonnes méthodes, où la main
d'œuvre hétérogène ne permet pas de combiner
un plan marqué comme dans les pays où les vieilles habitudes fixent encore les embauchages des
ouvriers à l'année.

Laisser un peu de responsabilité aux chefs-ou-
vriers est une bonne pratique; les intéresser réussit aussi quelquefois, mais tout cela n'exclut pas
l'activité du maître.

Une grande propreté et de l'ordre dans une ferme indiquent une bonne direction. La santé du
personnel et des animaux dépend de ces deux exigences du chef de l'exploitation.

L'inventaire doit se faire tous les ans. L'époque
la plus favorable est le 1ᵉʳ mars ou le 1ᵉʳ avril,
les voici raisons :

A ce moment les comptes *cultures* se réduisent
à de simples dépenses, il n'y a donc pas d'estima-
tion à faire; les spéculations hivernales sur les animaux sont terminées, on va commencer pour cette
partie la saison d'été, *les denrées en magasin* se
réduisent au simple approvisionnement de la ferme, car le cultivateur n'est pas et ne doit pas être
spéculateur; au 1ᵉʳ janvier on a encore des tabacs
secs, du coton, des animaux à l'engrais dans l'étable... le matériel s'estime mieux au 1ᵉʳ avril
parce que les grands travaux sont finis et que les
autres commenceront bientôt; du reste, pour cette
partie de l'inventaire, toutes les époques sont
bonnes, pourvu que ce soit toujours la même; les
animaux sont : ou ceux de travail que l'on estime

à leur valeur, ou ceux de rente qu'on vient d'acheter pour la spéculation de l'été.

Le passage de mars en avril est donc le moment le plus convenable pour l'inventaire.

De l'emploi des instruments et machines agricoles

L'emploi des machines perfectionnées n'est répandu en Algérie que depuis peu d'années. Il a fallu d'abord préparer le sol à pouvoir être travaillé, il a fallu défricher, nettoyer les sols, niveler, en un mot le rendre propre à une culture intensive.

On voit les *meilleures charrues* sillonner la plaine.

Les Meugniot, les Grignon sont venues améliorer le travail pratique.

Les *herses articulées* sont tombées dans la pratique ordinaire, on avait apprécié depuis longtemps la herse Valcourt.

Le *rouleau Croskill* est un instrument qui se trouve dans toutes les grandes fermes.

Les *houes à cheval* ont figuré dans toutes les fermes où le jury du concours à la prime d'honneur du Comice de Blidah s'est transporté. Les pommes de terre et le maïs étaient travaillés par cet instrument.

Les *machines à faucher* sont très nombreuses dans l'arrondissement d'Alger, des concours ont eu lieu et plus de vingt concurrents se sont présentés et les machines Peltier et Wood ont remporté les honneurs.

Comme *moisonneuses*, quelques-unes ont été
signalées par leur bon travail, mais leur emploi
n'est pas encore du domaine public à cause de
l'entretien et des réparations difficiles. (Moisson-
neuse Samuelson.)

Le *rateau à cheval* existe même dans les fermes
moyennes ; c'est un instrument parfait, solide, à la
portée de tous, de facile entretien, de conduite
simple, enfin le rateau à cheval de la fabrique Peltier sert à tous les usages.

Les *machines à battre* qui se trouvent répandues
dans les fermes peuvent se grouper en deux caté-
gories : Celles battant et celles battant et vannant.
Dans les premières, nous trouvons les machines
Pinet, Lotz, Maréchaux ; dans les secondes, il se
trouve plusieurs machines Damey et deux machines Creuzé des Roches ; ces dernières ayant encore
besoin de perfectionnement, mais les machines
Damey ont obtenu les premiers prix aux concours.

M. Damey construit des machines depuis le prix
de 1,200 francs battant et vannant environ 18 à 20
quintaux de blé par jour, et le personnel compris
pour faire la meule ne s'élève pas à plus de six personnes. Ce même constructeur fait de ces machines
qui battent jusqu'à des quantités considérables.

Les *tarares* étant connus de tous les cultivateurs,
ainsi que les cribles, nous ne les mentionnons que
pour mémoire.

Quelques desseins intercalés dans le texte feront
connaître ces outils, mais le cadre de cet ouvrage
ne permet pas d'étendre les gravures. L'auteur a
fait paraître un *Cours d'agriculture pratique* avec
atlas (500 gravures) et on peut s'y reporter. L'atlas
se vend séparément.

Pour activer l'emploi de ces bons instruments,
un moyen efficace consiste à intéresser l'ouvrier
qui le dirige et à le surveiller en même temps,
mais il faut avant tout que le maître connaisse bien

tous les détails afin de pouvoir initier son ouvrier.

Des irrigations

Dans un pays chaud comme l'Algérie, l'emploi des irrigations est précieux. Emmagasiner les eaux, les employer avec économie, en avoir plutôt de trop que pas assez, voilà le problème que le cultivateur à l'irrigation doit résoudre.

Le COLMATAGE est une irrigation des terres non couvertes de récoltes avec des eaux limoneuses qui déposent leur limon et engraissent le sol. Cette opération ne peut pas toujours se faire, mais lorsque les circonstances se présentent et que la disposition des lieux le permet, on ne doit pas négliger ce moyen d'enrichir le sol.

Lorsque les eaux ne peuvent servir directement ou lorsque les eaux pluviales ont lavé un village, une bonne opération est de recevoir ces eaux dans un grand bassin où elles déposent leur limon qui sert ensuite d'engrais.

Dans l'ARROSAGE il *faut que l'eau courre toujours et ne séjourne nulle part.*

Dans les irrigations de cultures sarclées, il ne faut jamais inonder le terrain, il est préférable d'arroser en deux fois que de noyer le sol, parce que le terrain se sèche, se crevasse et les plantes souffrent.

Dans l'irrigation des prairies permanentes il convient souvent d'arroser avant la coupe de l'herbe, afin que le dessus du sol soit essuyé avant de recevoir directement les rayons du soleil. Un trop grand arrosage des prairies artificielles fait naître le chiendent et beaucoup d'autres herbes, les prairies durent alors moins longtemps.

L'irrigation ne vient que pousser la végétation, il ne l'occasionne pas, il faut donc que le sol soit riche ou qu'on le fume, afin que tous les éléments nécessaires y soient réunis : *chaleur, fumier, humidité*.

***

Des assolements pour les grandes et les petites fermes

***

Cette étude, qui nécessiterait des volumes, est simplifiée par le tableau de l'épuisement des plantes, qui se trouve rapporté dans le chapitre des engrais.

Avant d'adopter tel ou tel assolement il faut bien connaître sa terre, les circonstances atmosphériques, enfin les causes principales qui peuvent influer sur le choix ; ainsi :

Climat,
Nature des terres,
Fécondité des terres,
Bâtiments d'exploitation,
Servitudes du fonds,
Valeur, location des terres,
Position du cultivateur,
Prairies,
Spéculations possibles sur le bétail,
Animaux de trait,
Capital de l'exploitant,
Main-d'œuvre,
Moyens de transports,
Débouchés,
Chemins........
Alors seulement le cultivateur peut se décider

sur le choix des plantes à cultiver et leur proportion.

Les terres peuvent se trouver en cinq périodes culturales, d'après Royer :

Terre en période forestière.
—   —   paccagère ;
—   —   fourragère ;
—   —   céréale ;
—   —   commerciale.

Nous ne nous occuperons pas des deux premières périodes, mais nous donnerons des exemples des trois autres.

Dans une partie du territoire limite de la zone de colonisation, manquant de routes, là où les capitaux ne veulent aller se risquer, on doit faire du bétail associé avec la culture de l'orge. Tout est transformé en viande qui s'exporte facilement.

Dans le cas où les débouchés arriveraient à se créer, par suite de création de routes, on peut alors allier la culture de céréales et on pourrait :

Jachère ;
Blé ;
Orge.

Si la terre est riche, que les pâturages en dehors de l'assolement soient nombreux, on peut adopter pour la ferme l'assolement suivant .

1° Maïs, tabac, jachère, le tout fumé ;
2° Blé ;
3° Orge ou avoine ;
5° Deux soles de prairies en dehors et rentrant tour à tour.

Si la terre, comme celle de la plupart des bonnes fermes de la plaine de la Mitidja, permet au blé de rapporter 12 à 15 quintaux l'hectare, on peut adopter l'assolement suivant, la terre étant entre la 4° et la 5° période :

1. Maïs, tabac, jachère cultivée, fourrage vert ;

2. Lin, colza ;
3. Blé ;
4. Orge ou avoine ;
5. Deux soles de prairies différentes en dehors de l'assolement et y rentrant de temps en temps.

Un assolement suivi chez un cultivateur de Birtouta depuis quatre ans et dont les résultats se traduisent par des meules de paille et de foin, des tas de fumier, des produits augmentant chaque année, est :

1. Maïs, tabac, coton, colza, haricots, le tout fumé ;
2. Blé ;
3. Lin ;
4. Orge ou avoine.

En dehors une sole de luzerne arrosée et une de prairie naturelle, et si on applique à cet assolement les chiffres du tableau de l'épuisement du sol avec la production en fumier des diverses plantes, on arrive à une balance en faveur de l'accroissement de fécondité, la preuve en est que les récoltes sont toujours de plus en plus belles ; il est vrai de dire que les terres n'ont commencé à être réellement mises en valeur que depuis huit ans.

Un assolement industriel, à l'instar de ceux qui sont mis en pratique en Angleterre, consisterait, pour notre pays, en :

1. Colza, maïs ;
2. Blé ;
3. Fourrage vert, vesces ;
4. Coton, haricots ;
5. Lin ;
6. Avoine ou orge.

Mais il faudrait des engrais ou des prairies nombreuses en dehors pour soutenir cet assolement.

Nota. — D'après Léonce de Lavergne, l'Angleterre, sur 20 hectares cultivés, en a 11 en prairies ; la France en a 7 sur 12.

C'est ce qui fait que les Anglais ont plus de viande, par là plus d'engrais, et que la moyenne de
leur récolte en blé est de 27 hectolitres à l'hectare
au lieu de 17 comme en France.

Des divers modes de faire valoir
en Algérie

Les modes de faire valoir en Algérie sont nombreux :

1° Direct par domestiques ;
2° Direct par colons partiaires ;
3° Métayage ;
4° À prix d'argent.

1° Aucune loi sur les engagements ne pouvant
être exécutée facilement dans un pays nouveau très
mobile, le moyen de faire valoir direct ne peut
convenir que pour les fermes petites et moyennes,
où le tenancier possède des grands fils qui sont
alors les chefs de chantier ; de nombreux exemples
de réussite existent ;

2° Le mode le plus répandu est le colonage partiaire, consistant dans l'emploi de familles co-inté-
ressées à la réussite de l'entreprise ;

Le vice de ce mode est dans la non-responsabi-
lité de ces familles, auxquelles le cultivateur principal fait des avances continuelles et se trouve en-
gagé. Si un colon partiaire avait quelque garantie,
il deviendrait alors un véritable associé et travail-
lerait mieux, la réussite serait plus assurée ;

3° Le métayage est peu suivi dans ce pays, il
remplacerait avec avantage le colonage partiaire si
les métayers avaient les fonds pour faire valoir ;

4° Aussitôt qu'un colon partiaire a ramassé quelques épargnes, il veut louer à prix d'argent la partie qu'il cultivait antérieurement.

Un vice est que ces colons ne savent pas à quoi ils s'engagent. Les frais généraux qui incombaient tous au propriétaire faisant valoir, le petit fermier les a à supporter à son tour, et généralement il arrive que cet ancien colon partiaire, qui avait quelques épargnes, s'établit petit fermier à prix d'argent, perd son pécule et redevient colon partiaire. Ce sont les frais généraux qui l'ont ruiné.

La *petite culture* n'est possible que par la famille. La *moyenne culture*, pour réussir, veut que le chef de l'exploitation ait lui-même ses fils comme intéressés à son entreprise. La *grande culture* a toutes chances de réussite lorsque le mode de faire valoir par colons partiaires solvables est consolidé par un personnel de domestiques faisant directement la culture nécessaire pour couvrir seulement les frais généraux, entretenir la vigne, les plantations et les prairies

VARIÉTÉS

L'auteur ne croit faire mieux que d'extraire des journaux d'agriculture, de l'almanach de Jacques Bujault et des autres recueils, les petits enseignements pratiques, utiles et nécessaires surtout en Algérie. Je laisse la responsabilité de ces articles à ceux qui les ont signés, et ceux qui ne le sont pas je les prends sous ma garantie comme résultat des remarques de personnes dignes de foi et de moi-même.

Conservation des oiseaux

Comme nous l'avons démontré déjà bien des fois, les petits oiseaux ne peuvent pas être détruits impunément et sans entraîner de graves accidents pour l'agriculture. La main de l'homme est incapable, n'importe le moyen qu'il prendra, de détruire ces fourmillières d'insectes qui ravagent les récoltes avec tant de persistance ; mais le Créateur a pourvu à tout, et il a mis au monde des animaux qui se dévorent les uns les autres. On court de grands dangers toutes les fois que l'on cherche à détruire l'harmonie des lois merveilleuses qui régissent l'univers. Du moment que l'on brise l'un des anneaux de la chaîne sociale, l'ordre est interrompu et les effets produits par sa bonne organisation disparaissent, sinon complètement, du moins en partie.

La conservation des oiseaux est aujourd'hui un fait d'une haute portée économique, puisqu'elle exerce une influence marquée sur la production des matières premières. Si les hommes ne veulent pas se soumettre naturellement et par eux-mêmes à ces principes justes et rationnels, il faut bien alors procéder par voie de réglementation, surtout dans les questions où la société toute entière est en jeu. Le préjudice causé à l'agriculture par la destruction des petits oiseaux est loin d'être compensé par les services que rendent ces petits oiseaux au point de vue de l'alimentation.

Il est donc important de conserver ces charmants oiseaux qui offrent en même temps l'utile et l'agréable. Il faut pour cela proscrire tous les engins de chasse autres que le fusil, et donner des ordres pour que les agents de la force publique aient à ce sujet la surveillance la plus active; il faut demander des punitions plus sévères pour ceux qui enfreignent la loi; il faut ouvrir la chasse tard et la fermer de bonne heure; il faut enfin prendre les mesures suffisantes pour empêcher la circulation du gibier en temps prohibé; examiner si les petits oiseaux mis en vente ont été pris au piège ou bien s'ils portent les traces du plomb meurtrier; il faut déclarer que certains petits oiseaux ne pourront jamais être présentés sur les marchés; il faut enfin que les enfants perdent la fâcheuse habitude de prendre les nids.

Les comices agricoles ont le plus grand intérêt à s'occuper sérieusement de cette question: les insectes nuisibles détruisent au moins un huitième des récoltes, et ces insectes seraient dévorés, en grande partie, par les petits oiseaux auxquels on fait une chasse impitoyable. Il s'agit de trouver de bonnes combinaisons propres à donner satisfaction à tous les intérêts, et les combinaisons ne peuvent être que le résultat d'études consciencieusement faites. Alors des vœux souvent renouvelés mettront l'administration en demeure de prendre les mesures demandées.

(Journal agricole du Sud-Est.)

Maladie du charbon et de la carie des céréales

Les céréales, au moment de la maturité, ont à redouter deux maladies qui les font disparaître : le charbon et la carie.

Plusieurs agronomes ont préconisé des moyens ; sans affirmer que d'autres ne peuvent réussir, nous en mentionnerons deux très usités en France.

Le chaulage consiste à étendre, dans une quantité d'eau suffisante, 5 kilos de chaux vive et 125 grammes de sel pour asperger ou immerger 100 kilos de blé la veille de la semaille.

Le vitriolage consiste à étendre, dans une quantité d'eau suffisante, 250 grammes de vitriol bleu ou sulfate de cuivre, pour asperger ou immerger 100 kilos de blé avant de le semer.

Certains agronomes prétendent qu'en agissant sur la semence on détruit le germe de la maladie future. Néanmoins, ces opérations sont toujours très bonnes quand même l'on n'aurait pas ce but.

Des oiseaux utiles ou nuisibles à l'agriculture, au gibier et aux arbres

Tous les *oiseaux de nuit* sont détruits par les chasseurs, qui voient dans ces sinistres oiseaux les ennemis déclarés du gibier ; cependant, s'ils les

connaissaient mieux et s'ils consultaient les agri-
culteurs, ils reviendraient sur leur opinion.

Quelquefois les hiboux, chevêches, chouettes et
chats-huants, attaquent le gibier qu'ils trouvent à
leur portée ; mais c'est le plus souvent par exception ; leur organisation les appelle presque exclusivement à détruire les souris, les mulots et les
rats, que la faculté qu'ils ont de voir dans l'obscu-
rité, aussi bien que leur vol audacieux, leur permet de surprendre la nuit.

Le *Grand-duc*, fort rare chez nous, est le seul
oiseau nocturne qui soit réellement nuisible au gibier.

Le *Héron* (garde-bœuf) défend des mouches et
des tiquets l'espèce bovine.

La *Cigogne* se nourrit de reptiles

Les oiseaux de proie diurne, tels que *Buses*, *Cré-
cerelles*, *Eperviers*, *Emérillons*, *Milans*, jouissent
d'une réputation souvent imméritée.

Toute la grande famille des buses et la créce-
relle ont, comme les nocturnes, la mission de détruire les rats, souris, limaces, grenouilles, lézards
et autres reptiles, les grands insectes et animaux
morts qui, sans eux, corrompraient l'air que nous
respirons. On a calculé qu'une buse mangeaient six
mille souris par an.

La *Buse* mange, en un an, plus de quatre mille
rats, souris, mulots et taupes.

Le *Hibou* a les appétits de la buse, et, en outre,
détruit les insectes nocturnes et crépusculaires.

Nous abandonnerons à la fureur de la destruction le *Faucon pèlerin*, le *Vautour*, l'*Epervier* l'*Eme-
rillon*, tous grands destructions de gibiers et de
petits oiseaux.

Les *Corbeaux* sont en général impitoyablement
détruits.

Le *Corbeau commun* cherche activement les
larves de hanneton, mais il se rapproche trop des

oiseaux de proie pour que nous nous intéressions à lui

Le *Froux ou Corneille moissoneuse* est plus grand que la corneille ; il vit en bande et niche sur les grands arbres

Ces oiseau est nuisible aux semences, mais il fait une guerre énergique aux vers blancs et autres larves nuisibles ; la chair lui répugne et son caractère est inoffensif.

Le *Choucas*, qui habite les tours d'église, détruit les insectes hostiles à nos champs et à nos bois.

La *Corneille mantelée*, qui porte une espèce de manteau gris-bleu, varié quelquefois de taches noires et allongées, ne niche pas en France ; elle se nourrit de petits coquillages, de vers, de larves et des insectes nuisibles. C'est un animal utile que nous devons voir avec plaisir arriver chaque année à l'automne.

Le *Rollier*, qui se plaît sur les tas de gerbes au moment de la moisson, y prend les sauterelles, les grands insectes, les larves et les chrysalides.

La *Pie* ne respecte rien ; elle nettoie d'insectes les endroits pourris des arbres. Elle est indigne de notre sympathie.

Le *Geai*, aussi nuisible qu'elle, ne mérite aucun ménagement.

Les *Pies-Grièches*, à l'exception de la pie-grièche grise qui détruit les mulots, font la guerre aux petits oiseaux, détruisent leur nid et mangent leurs petits.

La *Huppe* ne saurait trop être respectée ; elle est fort rare, mais d'une grande utilité ; les insectes, les chenilles, font la base de sa nourriture.

Les *Pics et les Grimpereaux* détruisent les insectes qui attaquent les vieux arbres creux ou viciés.

L'éloge de l'*Hirondelle* est dans toutes les bouches ; elle se régale d'un nombre prodigieux d'insectes.

ANIMAL	RACE	Son poids vif	MOMENT DE L'OBSERVATION	RATION AU POIDS VIF
Cheval de labour	Percheron	700	Travaillant	3 %
Cheval de cabriolet	—	500	—	2.25 —
Vaches	Suisse ou Norm.	»	En période laltière	2.90 —
—	Durham	»	—	2.80 —
—	Ayr	»	—	2.75 —
—	Bretonne ou arabe	»	—	2.50 —
Vaches et génisses	Darham	»	Fin de gestion ou en croissance	3.2 —
—	Ayr	»	—	2.9 —
—	Bretonne	»	—	2.75 —
—	Suisse ou Norm.	»	—	3 à 3.33 —
Bœufs de travail	»	»	En travail	4 —
Bœufs à l'engrais	»	»	Du commen. à la fin	3 à 5 —
Brebis pleines	»	»	»	4.2 —
Brebis nourrices	»	»	»	4.5 à 5
Antenais	»	»	»	3.5
Moutons d'engrais	»	»	»	5.5
Truies portières	»	»	»	7 à 7.9 %
Porcs à l'engrais	»	»	»	7. à 9 —

Des animaux gras.

La connaissance de la graisse chez les animaux implique déjà la connaissance même des animaux, mais un moyen à la portée de tout le monde, d'apprécier dans quel état se trouve un animal quelconque nous est donné par le touché ou maniement de certaines parties de l'animal.

Les gros animaux à engraisser pour les besoins de l'homme, sont au nombre de trois, bœuf, mouton et porc; nous allons examiner les particularités de chacun d'eux.

Pour le bœuf et le mouton les tableaux ci-dessous nous renseignent suffisamment.

Pour le porc, sur les grands marchés il y a des hommes spéciaux appelés Langueyeurs qui passent l'inspection de ces animaux, et, l'acheteur n'a qu'à payer le poids et apprécier par le toucher sur les lombes l'état de la graisse chez l'animal; il n'y a donc pas de tableau à établir.

Des maniements chez le bœuf.

Les maniements sont distingués en pairs et impairs, ils sont au nombre de 14 plus un spécial pour le bœuf, et un spécial pour la vache, ces deux derniers sont impairs : Soit 16 maniements dont 4 impairs et 12 pairs.

Maniements simples ou impairs

1° Dessous de langue... (indice de)   Suif.
2° La poitrine............   —   Graisse.

3° Cordon ou entre-fes-
  son chez la vache. . . (indice de)   Suif.
4° Dessous ou rognons
  chez le bœuf. . . . . . .   —   —

Maniements doubles ou pairs.

1° La veine ou avant
  cœur. . . . . (indice de)   Suif.
2° Le collier. . . . .   —   —
3° Le palleron. . . . .   —   Graisse.
4° Le contre-cœur . . . .   —   —
5° Le cœur. . . . .   —   —
6° La côte. . . . .   —   —
7° Le travers ou aloyau.   —   —
8° Le flanc. . . . .   —   —
9° La hanche. . . . .   —   —
10° La lampe, le grasset,
  l'œillet ou œuillère,
  le fras . . . .   —   Suif.
11° L'avant lait. . . . .   —   —
12° Les abords. . . . .   —   Graisse.

Dans le tableau, le 3° et 4° des maniements impairs n'est pas marqué, on suit par ordre de maniements et en les sautant. Le 1" pair porte le n° 3. etc.

—

Mensuration et rendement d'un bœuf
de 985 killog sur le marché.

—

Taille au garoh. . . . .   1"59
  — aux hanches 1 55
Circonférence } Oblique 2 55
  du thorax   } Circulaire 2 65
Largeur des hanches. 0 68

Longueur de la hanche à la queue........ 0 62
—   totale de la hanche............ 0 70
Grosseur de l'avant bras................ 0 53
—   du canon..................... 0 25
Longueur du garrot à la queue.......... 1 52

Poids vif à l'abattoir.................. 965 kilog.
—   des quatre quartiers....... 592 —
Leur proportion de poids vif.......... 61,3 %.
Poids du suif......................... 111 kilog.
Proportion au poids vif.............. 11,5 %.
Proportion du suif aux 4 quartiers. 18,7 %.
Poids du cuir........................ 60 kilog.
Sa proportion au poids vif.......... 6, %.
—   aux 4 quartiers........ 10, %.

—

Poids des issues

—

Pieds et patins...................... 12 kilog
Poumons et cœur...................... 20 —
Foie et rate......................... 10 —
Langue............................... 5 — 50
Sang................................. 25 —
Intestins, excréments déchets etc. 100 kilog 50
Poids des rognons de graisse...... 35 —

COUPE D'UN BŒUF

NOMS DES MORCEAUX.	PROPORTION des morceaux au poids sur 100 kil. de chair nette
Première qualité	
1. Tende de tranche (Partie intérieure)	4,4 °/₀
2. Pointe de culotte id.	6,5
3. Tranche grasse (Partie extérieure).	4,4
4. Aloyau	11,0
5. Filet (Partie intérieure).	1,5
6. Gîte à la noix.	3,2
Total de la 1ʳᵉ qualité.	31 °/₀
Entre première et deuxième qualité	
7. Cotes	9,9 —
Deuxième qualité	
8. Paleron	15,2 °/₀
9. Talon de collier (Partie inférieure)	1,1
Total de la 2ᵉ qualité.	16,3 °/₀
Entre la deuxième et troisième qualité	
10. Plates côtes ou plat de côtes. .	5,5 —
Troisième qualité	
11. Collier	7,5 °/₀
12. Pis de bœuf, (Basse boucherie) . .	16,2
13. Gîte { Membre de derrière 3/5. .	5,5
{ Membre de devant 2/5. .	
14. Tête ou joue.	2,4
15. Surlonge, (Partie intérieure) . .	2,4
16. Rognon de graisse, id.	3,3
Total de la 3ᵉ qualité. . . .	37,3
TOTAL GÉNÉRAL.	100,» °/₀

Maniements du mouton

Les maniements pour l'espèce ovine sont comme pour la bovine divisés en maniements simples ou impairs et doubles ou pairs.

Maniements simples

1° La bouche pour l'âge et la santé........ n° 6
2° La poitrine ou bréchet .... n° 4
3° Le dessous sur le mouton............ n° 5
4° La mamelle sur la brebis............ n° 5

Maniements doubles

1. L'œil ou la veine................. n° 7
2° La longe ou le travers............. n° 2
3° L'abord ou le cimier .... n° 1
4° Le contre-cœur ou la côte .... n° 3

Détail d'un mouton

Ce mouton après son repas pesait 60 kilog, il était en bon état et non fin gras.

Dépouillé, vidé ne possédant plus que les 4 quartiers, les rognons de graisse, le suif, les côtelettes, il pesait une heure après la mort 31 kilog, et 24 heures après la mort 30 k. 5 il y a donc perte par le refroidissement.

```
4 quartiers, rognons de
  graisse, suif, côtelettes.   30 k. 5        50 03  gr/.
La peau en laine.......        5   8          9 50   —
Poumons, foie et cœur .        2   6          4 83   —
Tête....................       1  85          3 08   —
Les 4 pieds.............       0  75          1 25   —
Suif des intestins......       2              3 33   —
Intestins, estomac, ali-
  ments, sang, déchet..       16  50         27 50   —
                             ____________   ___________
                              60  00         99 99  gr/.
```

Du Porc

Poids des bêtes d'engrais. Rendement.

NOMS	ÂGE	P. V.	V. N.
Porc.	10 mois.	110	88
—	11 mois.	115	92
—	11 mois.	100	80
Truie.	5 ans.	210	102

Poids des différentes parties du poids vif.

	Avant l'engrais.	Après l'engrais.
Peau et soie.......	8,270 °/	9,350 °/.
Os dégraissés ...	6,900 —	6,230 —
Graisses diverses	25,270 —	27,300 —
Viande rouge	36,690 —	41,460 —
Estomac et intes-tins...........	3,570 —	4,220 —
Organes divers..	12,410 —	7,620 —
Sang.............	3,580 —	3,820 —
	99.990	100.000

Rendement en viande nette.

—

Batis, a estimé à 74 °/₀ du poids vif et même jusqu'à 82 °/₀, en tous cas voici le rendement d'une
truie de 114 kilog poids vif.

Chair, tête et membres	53 kilog.	
Lard et panne	47 —	750 gr.
Issues	13 —	250 —
TOTAL	114	

VITICULTURE

ET VINIFICATION

—

Des volumes ont été écrits sur ce chapitre, loin donc de ma pensée de vouloir traiter cette question si controversée et me mettre en parallèle avec des écrivains qui ont un nom acquis.

Je n'ai cherché qu'à grouper les résultats de nombreuses expériences faites quelquefois à grands frais.

De grands vignobles existent en Algérie, quelques cultivateurs ont fait de bons vins et qui se conservent, c'est chez eux que l'auteur a été recueillir les faits qu'il mentionne.

Variétés. — Les variétés de vignes cultivées en Algérie sont très nombreuses.

La Société d'agriculture d'Alger, dans ses bulletins de 1870 et 1871, a publié des travaux de MM. Marès et Hardy sur les différents cépages et leurs richesses, je crois donc devoir renvoyer à ces sources de renseignements.

Plantation de la vigne. — Ce sujet, si difficile à traiter, doit se résumer par les quelques mots suivants.

Bien des procédés ont été essayés jusqu'à ce jour;

Plantation à la barre à mine,

Plantation en grand ou petit fossé,

Bouton hudelot, etc., etc.

I. Si le premier réussit dans les sols sablonneux, légers, parce que la terre meuble comblera immédiatement l'espace vide entre le plan et le sol, dans les terres fortes, en ayant même le soin de verser de la terre fine entre le sarment et le sol, le procédé devient défectueux.

Il va sans dire que le sol a été préalablement bien préparé par des labours, hersages, etc.

2. La plantation employée dans le département de l'Hérault est à conseiller en Algérie.

Le terrain, bien préparé par des labours, hersages et roulages, est rayonné par un rayonneur à bras dont les dents sont à une distance égale à celle qu'on veut laisser entre les lignes. On rayonne ensuite de même en travers, à angle droit, et ainsi l'on a un terrain quadrillé à dimensions exactes.

Chaque planteur est muni d'un clou en fer de la longueur de 35 centimètres et d'une pioche. Il plante son clou à l'intersection des lignes, et devant le clou, et en le respectant, il fait un petit trou rectangulaire de 35 centimètres de profondeur, de la largeur de la pioche et de la longueur nécessaire pour qu'il puisse travailler.

Le clou marque la place du plan de vigne lorsqu'on le plantera.

La vigne ne veut pas être enterrée plus profondément que 30 à 35 centimètres ; ce sont des expériences comparatives qui ont démontré qu'à cette profondeur la vigne poussait plus de racines qu'à tout autre, et que plus profondément elle ne prenait pas de grosses racines.

Les plantations à grands fossés sont très coûteuses et ne doivent être faites que dans des cas particuliers.

3. Les boutons *Hudelot*, que M. Arnould, ancien président de la Société d'agriculture d'Alger, a essayé simultanément avec d'autres procédés et dont il a fourni des échantillons de un à trois ans, mériteraient une préférence si la réussite était plus

complète quant au nombre. Mais le procédé ne doit s'appliquer que dans le cas de propagation d'espèces rares, alors il conviendrait de faire une pépinière et de transplanter après.

Soins après la plantation. — Le sol doit être entretenu en bon état, pas d'herbe, pas de croûte, on doit éborgner tous les yeux du sarment au-dessous du troisième à partir de la surface du sol.

Taille. — Il convient de ne pas tailler trop bas, ni trop haut la première fois. Il est bon qu'entre le sol et la couronne d'où partent les sarments il y ait au moins dix centimètres.

Les tailles subséquentes se font à deux yeux, rarement à trois sur le sarment ; la production herbacée est assez forte dans ce pays, il ne convient pas de la stimuler.

La question de la taille de la vigne à deux ou trois yeux a été très controversée.

La taille courte, en Algérie, me paraît la meilleure.

Soufrage. — La maladie de la vigne a introduit le soufrage comme moyen de destruction de l'oïdium, il est certain que pour combattre bien des parasites, cette opération est à conseiller.

Le soufre ne coûte pas cher, l'opération n'est pas longue et les résultats ont été jusqu'à ce jour satisfaisants.

On ne doit plus soufrer aussitôt que le raisin *tourne*, le vin sentirait trop le soufre, il est vrai que quelques moyens pour désoufrer les vins ont été employés avec avantage, nous en mentionnerons un plus tard.

Récolte. — Si ce n'est dans des cas exceptionnels, la maturité se fait toute seule sans avoir recours à l'effeuillage ni au redressage des sarments. Souvent, au contraire, le siroco dessèche les feuilles et grille le raisin.

La maturité n'ayant pas lieu très régulièrement, la

récolte doit donc être faite en plusieurs fois lorsqu'il s'agit de grandes surfaces.

La maturité du raisin de table commence vers le 15 juin, mais ce raisin vient d'endroits privilégiés. On en mange à bon marché depuis le 15 juillet jusqu'au 15 septembre. Les Kabyles en apportent toujours jusqu'au 1er novembre, et quelquefois même plus tard.

Vendange. — En Algérie, où les celliers bien disposés n'existent que dans quelques rares fermes, où la température est généralement chaude, même en automne, il convient, comme en Espagne, de ne faire la vendange que lorsque les raisins sont bien mûrs. Si la maturité est inégale, on fera deux vendanges.

Les grands propriétaires craignent quelquefois de ne pouvoir faire toute leur vendange et commencent un peu plus tôt, « n'est-il pas préférable « d'avoir peu et bon que beaucoup, mauvais et de « conservation difficile. »

Fabrication du vin. — On a reproché à beaucoup de vins algériens de n'avoir pas assez d'alcool; beaucoup en ont même de trop; cela vient donc de la manière de le faire. Récoltez donc le raisin assez mûr et le vin sera riche en alcool, mais les deux extrêmes se touchent, évitez de faire du vin sucré naturel. Les vins ne se conservent pas, dit-on, alors suivons les errements du midi de la France, de l'Espagne, mais ayons des cépages différents pour contrebalancer l'influence des cépages particuliers.

M. Darru, de Crescia, possède dans son cellier, qui pourrait être mieux disposé, du vin de cinq, quatre et trois ans, en tonneau et en bouteille, et de conservation parfaite.

M. Saulnier, à Birmandreis, fait des vins excellents et qui se conservent. Il est bon de ne pas égrapper le raisin. Si la rafle et la pulpe donnent trop de tannin et de matière colorante, cultivez quelques cépages blancs.

Dans le midi de la France on plâtre les vins, pourquoi ne pas essayer le même système ? Ayez de bons celliers, bien exposés ; travaillez le vin comme dans les plaines de l'Hérault ou en Espagne et vous aurez, avec les indications précédentes, résolu le problème.

L'Algérie produit de bons vins qui peuvent se conserver, les exemples précités sont un précédent.

MM. Bourlier et Bordet, membres de la Société d'agriculture, ont traité ce sujet dans la *Revue horticole et agricole de l'Algérie.*

Récipients. — Les foudres en bois se payent généralement d'après leur volume. On paie de 5 à 7 francs par hectolitre, suivant la capacité.

Aujourd'hui, avec la brique circulaire brevetée de Pelizari, on fait des cuves qui ne coûtent pas plus cher que les foudres en bois, et qui ont l'avantage de durer plus et de ne pas tant subir les influences extérieures.

Des marcs. — Après avoir pressé les marcs, on vend ces derniers aux distillateurs où on distille à la part ; on calcule le marc d'après le raisin. Ainsi le marc provenant de la récolte de 4,000 kil. de raisin se vend de 5 à 6 fr., et après la distillation on le rend au vigneron, ou bien le distillateur donne au vigneron le tiers net de l'eau-de-vie distillée. (Pratiques locales.)

SÉRICICULTURE

Le sujet si difficile à traiter, que l'industrie française malgré les primes qu'elle a offertes pour la
solution de la maladie des vers à soie, a vu ses
tentatives échouer, ne peut être traité dans un cadre
aussi restreint.

Recommandons aux éleveurs de choisir la graine
la plus rustique possible, de cultiver le mûrier
convenable, de faire l'éducation de bonne heure,
soigner le renouvellement de l'air dans les magna-
neries, mais avec précaution, température ainsi
élevée et continue, soufrage des mûriers au besoin
avec un appareil spécial, ne pas mélanger les âges,
ce qui est facile dans les six premiers jours de l'é-
ducation, la mue se fera plus facilement et sans
dérangement, ne donner que des feuilles sèches,
propres et saines, enfin toutes les mesures hygiéniques doivent être prises.

Conseillons les VERS À SOIE DU RICIN, dont des
éducations remarquables ont été envoyés d'Algérie, et dont des éducations à Birkadem avaient
été menées à bonne fin en 1863.

Le BOMBYX DE L'AILANTHE viendrait également sur
la champrenelle.

(*Revue horticole et agricole de l'Algérie*,
août 1863.)

Un procédé employé avec succès pour prévenir
la maladie épidémique des vers à soie, connue sous
le nom de gattine ou pébrine, est le suivant:

Il suffit de brûler journellement, le matin et
le soir, le mélange ci-après:

« Essence de térébentine, deux parties ; benzine, une partie ; huile de cade, une partie ; huile de pétrole camphrée, une partie.

« Le mélange opéré, on en verse un peu sur une pelle rougie au feu pour parfumer les appartements où se trouvent les vers. Ce remède a complètement réussi à arrêter les progrès de la maladie, en l'employant dès l'invasion.

« Veuillez agréer, etc.

« H.-C. GIRAUD,

« ex-médecin inspecteur. »

La société d'Agriculture d'Alger, s'est beaucoup occupée de la question séricicole, mais aucun mémoire complet n'a été publié. L'auteur de ce manuel prépare *un guide pour le sériciculteur algérien*.

APICULTURE

—

Dans les travaux mensuels, il a été indiqué les soins que l'on devait donner chaque mois aux abeilles.

Tout cultivateur doit avoir un rucher dans son jardin, les abeilles aident à la fructification, axiôme incontestable et reconnu tacitement par les habitants des campagnes, lorsqu'ils coupent des figues mâles et les pendent sur les figuiers femelles, et beaucoup d'exemples analogues. (D'après M. Hamet, auteur d'un *cours sur l'apiculture*.)

L'auteur, tout en mentionnant ce fait, ne croit pas que la caprification soit due aux abeilles. Du reste, il y a trois genres de figuiers : des figuiers mâles, femelles, des deux genres.

Le produit d'un rucher est considérable :

1° Un essaim tous les ans; mettons, à cause des essaims faibles, des mariages, etc., quatre essaims pour cinq ans;

2° Le miel et la cire qui, pour des ruches moyennes, varie entre 3 et 5 kilog. par ruche.

Ainsi, un rucher rapporte hardiment le 100 p. 0/0, et l'on ne soignerait pas ces insectes inoffensifs qui font profiter l'espèce humaine de leur travail?

Quel est donc le plus beau placement d'argent?

Que le rucher ne soit pas trop prêt de la maison, mais sous les yeux du propriétaire, qu'il soit clos d'une haie, abrité par des arbres par le trop grand soleil, abrité des vents, surveillez-le contre les insectes et les oiseaux, que le parterre des ruches soit uni et propre comme une cour, donnez-lui au

C'est par centaine qu'il faut compter les chenilles que chaque jour *la mésange* sert à sa jeune famille.

Dans une chambre un *Rouge-Queue* peut prendre six cents mouches en une heure.

L'*Etourneau* s'abat souvent sur les vignes et les figuiers ; mais il détruit les limaces, les insectes rongeurs et les chenilles.

Le *Coucou* est un parasite étrange qui vit aux dépens des autres. Sa femelle ne couve pas : elle dépose ses œufs dans les nids des autres oiseaux, qui les font éclore.

Devenu grand, le jeune coucou jette en bas du nid les petits qui l'occupent avec lui pour avoir plus de place. Il détruit les chenilles velues, que les autres oiseaux n'osent attaquer.

La *Caille*, le *Râle* et la *Perdrix* mangent des vers de terre.

Le *Merle* purge les jardins de colimaçons et de limaces, et, comme la grive, avale par millions, dans le cours d'une année, les insectes nuisibles.

Le *Vanneau* est l'ennemi du taret, destructeur des constructions navales.

L'*Alouette* s'attaque aux vers, aux grillons, aux sauterelles, aux fourmis, à la cécidomye et aux élatérides.

Le *Moineau* dévore les vers blancs, les hannetons, les pucerons, etc. Sa couvée a besoin de quatre cents insectes par jour.

Le *Bouvreuil* chasse les parasites du gros bétail. Il faut chaque jour à une couvée de troglodytes cent-cinquante-six chenilles.

L'ordinaire de la couvée du *Roitelet huppé* est le même.

Le *Rossignol* est un grand destructeur de larves, de cossus, de scolytes et d'œufs de fourmis.

La *Fauvette* chasse dans l'air les mouches, les

L'industrie des œufs à Paris a donné naissance à plusieurs pratiques pour leur conservation. Voici une qui vaut à son auteur un brevet d'invention et qui lui réussit au delà de toute prévision.

M. N. Saunier a installé, rue du Théâtre, 93, à Grenelle, un vaste dépôt où il conserve jusqu'ici de cinq à six cent mille œufs, chiffre qui va être porté, au mois de mars prochain, à un million et demi.

Ces œufs sont conservés en vrac dans des cylindres en zinc, mis en mouvement cinquante fois environ dans le cours de l'année. Ces cylindres, percés de trous, sont placés dans des cuves remplies d'eau de chaux.

M. Saunier fait sa provision d'œufs au printemps et les livre à ses clients à partir du 15 octobre. Ce procédé, qui livre à la consommation les œufs au moment où ils sont le plus rares, nous a paru digne d'être signalé.

(*Echo agricole.*)

Éthérisation des abeilles

La *Gazette des campagnes* donne le renseignement suivant sur l'éthérisation des abeilles, mode nouveau substitué par un apiculteur de Lyon à l'enfumage des ruches.

On ne saurait trop s'élever contre l'enfumage des abeilles. Cette coutume barbare et ruineuse pour l'industrie des cires et des miels, est justement réprouvée aujourd'hui par tous les apiculteurs éclairés. Voici comment on doit procéder pour conserver les colonies, en recueillant le miel des ruches.

Dans les pays où les essaims sont rares, on place au-dessus la ruche vide, dans laquelle on a placé une suffisante quantité de miel pour la nourriture de l'essaim pendant l'hiver, puis on les chasse avec précaution de la ruche pleine dans celle qui est vide ; cette opération est délicate et offre quelques dangers.

Mais un moyen plus simple, qui réunit tous les avantages et écarte toutes les difficultés, c'est celui qu'emploie M. M..., apiculteur distingué des environs de Lyon ; il éthérise la ruche, et la léthargie des abeilles dure assez longtemps pour lui permettre d'enlever leur récolte sans aucun désagrément, et de conserver la vie à ces précieux insectes.

Huile de lentisque

Le lentisque, arbrisseau qui compose la majeure partie des broussailles qui couvrent le sol algérien, a été, autrefois une plante exploitée pour différents produits, et parmi eux, l'huile qui était retirée du fruit.

Pour cela, les indigènes (ce travail était réservé aux femmes qui s'en acquittaient très bien) mettaient une toile sous l'arbuste, en secouaient et frappaient même les branches ; les fruits mûrs qui tombaient ainsi étaient rentrés à la demeure. Il convient de récolter ainsi parce qu'alors les fruits verts restent pour une prochaine récolte.

Le lendemain, sans laisser fermenter la récolte de la veille, tous les fruits étaient passés dans un moulin à bras qui les triturait énergiquement, et on mettait alors cette pâte dans une marmite avec de l'eau.

La marmite doit contenir huit à dix kilos de graines que l'on mélange avec autant d'eau ; on fait bouillir doucement pendant une heure et on laisse refroidir ensuite.

Cette huile, qui de sa nature est concrète, c'est-à-dire a un peu la consistance du beurre, se prend à la surface, on l'écume et on la met dans un vase pour la conserver.

On fait généralement bouillir deux fois le même marc qui, ensuite, est mis de côté comme engrais.

Quand de cette manière on a une certaine provision d'huile préparée, on la fait refondre à chaud avec de l'eau, on la filtre afin de séparer les corps solides étrangers, et, en se refroidissant ensuite, on obtient le produit vendable.

Les déchets forment ce qu'on appelle du tourteau, engrais très estimé et que l'on obtient ainsi sans travail spécial.

Quand on pourra presser le marc à chaud ou à froid, on aura des produits supérieurs en qualité et en quantité.

Cette huile a été employée dans l'alimentation, l'éclairage et la médecine.

A la Calle, on faisait beaucoup de cette huile dans le temps ; à Bougie et à Djidjelli, les indigènes en ont fabriqué il y a quelques années.

Cette huile valait alors 30 à 50 centimes le kilogramme. Mais aujourd'hui les industriels peuvent la payer jusqu'à 60 et 70 centimes le kilogramme, suivant qualité, mais à condition d'une certaine quantité et aussi grande que possible.

Cette huile peut se transporter jusqu'aux grands centres dans des peaux de bouc, et le jour où elle y arrivera elle y sera l'objet d'un commerce qui prendra rapidement de l'extension.

Reboisement des montagnes

Le *Moniteur* contient un important décret, daté
du 10 novembre 1867, relatif à la mise à exécution
de la loi du 28 juillet sur le reboisement des montagnes, et que nous ne pouvons reproduire à cause
de son étendue.

Ce décret, rendu sur la proposition du ministre
de l'agriculture, du commerce et des travaux publics, règle le mode de constatation des avances
faites par l'État aux propriétaires de terrains si-
tués sur le sommet ou la pente des montagnes, les
mesures nécessaires pour en opérer le rembourse-
ment, le mode de fixation des allocations et des
indemnités qui pourront être alloués aux commu-
nes en cas de privation de l'usage des terrains soumis aux opérations de reboisement.

Les demandes des particuliers qui désirent prendre part aux subventions de l'État doivent être
adressées au Conservateur des forêts. Les commu-
nes et les établissements publics s'adresseront au
Préfet qui en référera au Conservateur.

Les primes en argent sont payées après l'exécution.

Les primes en graines ou plantes, délivrées
avant l'exécution des travaux, sont estimées en argent.

Le ministre des finances statue sur les allocations au-dessus de 500 francs, le directeur général
des forêts sur celles de 500 francs et au-dessous.

L'administration des forêts peut, dans certains
cas, exiger des propriétaires le reboisement et le
gazonnement.

Le décret du 10 novembre règle en détail la façon dont les projets de ce genre doivent être d...
...és. Ils sont soumis à tous les intéressés et son...

...oyés au ministre de... gouver... qui a... ensuite les ministres de l'agri..., de... ..., du commerce et des travaux publics, comme... un rapport au chef de l'État qui st... ... ...seil d'État entendu.

...travaux sont exécutés, soit par le... ...s particulier ou commune... ...tion, si le propriétaire ne veut... ou ne... dernier cas, le propriétaire peut... l'ad... ...ministration, comme prix des... ... ...i elle tout ou partie des terrains... en... ...mètre du reboisement ou du gazonne... ... suite de ce décret... ... ...rd 1861, portant règlement... ... ...ique pour l'exécution de la loi du...

Utilité de quelques animaux réputés nuisibles

Le crapaud, ... poursuit et couvre de... ... la salamandre mange des vers... ...vers.

...organisation de la... prouve qu'elle... vivre presque exclusivement... ...s, de vers ou d'autres petits animaux. ...régime des lézards est exclusivement... animale, comme celui des grenouilles. Les fourmis détruisent les chenilles.

Destruction des... ...

Plusieurs procédés ont été... ...et ... ...s ... ont donné de bons résultats... ...

tances données et n'ont pas réussi ailleurs. Je crois pouvoir mentionner quelques heureux résultats obtenus.

1° *Emploi de la chaux et des oignons.* — Les Arabes devant conserver, pendant un temps plus ou moins long, les céréales dans de grands couffins, prétendent que, recouvrant ceux-ci d'oignons, l'odeur repoussait les charançons.

Dans certaines fermes, où l'on met le blé en magasin, il convient de blanchir tout le magasin au lait de chaux, et, au fur et à mesure que l'on rentre le blé, de couvrir ce dernier de bulbes d'oignons. J'ai eu moi-même à constater quelques résultats favorables.

2° *Emploi des plantes d'absinthe.* — Un journal agricole de France mentionne que dans plusieurs magasins à blé envahis par les charançons, il a suffi de prendre de nombreux bouquets de plantes d'absinthe pour éloigner ou tuer ces insectes.

3° *Sulfure de carbone.* — Lorsque l'on peut mettre le blé dans des silos maçonnés, il convient, une fois que le silos est rempli, de mettre une quantité de sulfure de carbone égale à demi 0/0 de grain ; on ferme ensuite hermétiquement et tous les insectes se trouvent détruits.

Des expériences réitérées aux magasins de l'administration militaire, à Alger, et dirigées par M. Letang, sous-intendant militaire, ont donné des résultats d'une réussite complète.

Pharmacie de campagne

—

Aussitôt que l'on sera malade, il conviendra de faire appeler le médecin, mais les accidents étant si vite arrivés, il est nécessaire d'avoir chez soi quelques remèdes préventifs, sinon curatifs, qui permettent d'attendre les secours de la science.

Le CAMPHRE, qui est employé comme vermifuge, sert dans une foule de préparations médicinales.

La POMMADE CAMPHRÉE a pour formule :

    Saindoux..................... 100 grammes
    Camphre en poudre.........   25

On peut triturer à froid, mais si l'on est pressé on fait fondre la graisse au bain-marie, on la retire et on y mélange le camphre en remuant. On ne doit en préparer que peu à la fois parce qu'elle rancit.

L'HUILE CAMPHRÉE a pour formule, et on prépare en mélangeant à froid :

    Huile...................... 250 grammes
    Camphre en poudre.........   30

On doit de préférence se servir d'huile d'olive, et, en son absence, d'huile à manger, enfin de toute huile grasse non siccative, sans odeur et sans acidité.

On doit avoir de l'huile camphrée chez soi.

L'ALCOOL CAMPHRÉ revient presque aussi cher de le préparer que de l'acheter tout fait chez le pharmacien ; il se prépare en mélangeant 1 litre d'alcool pesant 28° à l'aréomètre de Baumé avec 300 grammes de camphre.

La CHARPIE se prépare en effilant des morceaux de vieille toile.

Quelques bandes et compresses doivent se trouver à côté de la charpie.

La TEINTURE D'ARNICA, que l'on achète chez les pharmaciens, sert dans le cas de blessure ou contusion pour laver la plaie et imbiber des compresses en attendant les secours de l'art. Les inflammations sont calmées par des compresses imbibées d'arnica diluée dans de l'eau.

Quelques têtes de *pavot opium* et une petite fiole

se trouver dans une ferme
[...] fleur.

L'ammoniaque s'emploie pour
[...] contre des piqûres d'animaux nuisibles telles que les abeilles, des scorpions. Un usage
veut qu'on en mette aussi quelques gout-
tes dans le verre d'eau et qu'on prenne ce
breuvage lorsqu'on soigne la piqûre de scorpion.

Pour les [...] d'hommes ivres, il convient quelq[ue]
[...] légère, et pour cela, suivant l'état
[dans le]quel se trouve cet homme, on met de si[x à]
[...] gouttes d'alcali dans un verre d'eau. L'alcali
[...] l'alcool.

Dans le cas de météorisation de bœuf, on peut
administrer la valeur d'un verre à liqueur d'alcali
[éten]du dans un litre d'eau; mais l'inconvénient
[...] est que, si l'animal vient à périr, la viande
[sent l']ammoniacale, comme dans l'administration
[de] l'éther, la viande sent l'éther.
(Voir article Météorisation.)

[...] que j'ai employé avec fruit sur une
[va]che de taille moyenne, atteinte du [...]
[...] a été donné à la dose de un gramme [...]
[...] dans un morceau de viande, que j'ai [fait]
[ava]ler par force.

Aux chevaux on l'administre à la dose de tren[te]
[gout]tes environ, et aux bœufs entre cinquante et
[quatre]-vingts grammes.

La teinture d'aloès sert pour sécher les plai[es]
faites par les harnais. On doit en posséder.

[On] doit toujours avoir chez soi une ou deux
[bou]teilles d'alcali qui s'emploie avec effe[t]
[pour les] maux de tête, la fièvre, etc.

[L'essen]ce de térébenthine s'emploie en boisson
[...] à la dose de quatre à cinq gram[mes]
[...] dans un litre d'eau. Elle est [...]

Mélangée avec de l'[illegible] [illegible] [illegible] ment pour les [illegible] [illegible] ces, etc.

En onction elle sert pour détruire [illegible] d'insectes, les vers qui sont [illegible]

Le GOUDRON s'emploie pour [illegible] [illegible] élevées primitivement par [illegible] [illegible] [illegible], les mouches n'approchent plus.

L'ALUN CALCINÉ sert pour brûler les [illegible] et cautériser.

On doit avoir de la [illegible] [illegible] pour [illegible] préparer de la pommade contre [illegible] que les démangeaisons [illegible] [illegible] [illegible] [illegible]. On la prépare [illegible] [illegible] [illegible] [illegible] volume.

Le PERCHLORURE DE FER est employé dans le cas [illegible] blessures graves qui ne peuvent se [illegible]

L'ACIDE PHÉNIQUE est employé à l'état [illegible] [illegible] l'état de dilution pour les pansements, les [illegible] ives, les contusions, la désinfection.

On se sert beaucoup de préparations phéniquées [illegible] que le phénol boboul, etc.

Empoisonnements

1. *Par le cuivre.* — Faire vomir [illegible] [illegible] [illegible] un lait coupé d'eau, ou de la tisane de [illegible] [illegible] ou de guimauve. Si les vomissements sont [illegible] [illegible] faire boire de l'eau sucrée [illegible] [illegible] [illegible] blancs d'œufs.

2. *Par les plantes vénéneuses et les [illegible] [illegible]* — Comme précédemment, [illegible] [illegible] de l'eau avec de l'éther.

Par les champignons. — Faire vomir [illegible] [illegible] grains d'émétique dans un verre d'eau pris en trois fois ; donner ensuite dix gouttes d'éther dans de l'eau sucrée. Dans le cas de délire on mettra des sinapismes.

4° *Par les liqueurs alcooliques.* — Dans le cas d'ivresse légère, cinq à six gouttes d'alcali dans un verre d'eau suffisent. Dans le cas d'ivresse très forte, faire vomir avec de l'eau tiède dans laquelle on met deux ou trois grains d'émétique par verre d'eau ; ensuite donner du thé léger.

5° *Par le phosphore.* — On donne de la magnésie calcinée en suspension dans de l'eau chaude. Une grande quantité de magnésie ne peut que purger.

6° *Par le plomb.* — Faire boire de l'eau tiède dans laquelle on aura fait dissoudre dix grammes de sulfate de soude par litre. Faire vomir avec de l'eau tiède si l'on peut.

De la météorisation et de l'utilité d'un trocart dans une ferme

Cet outil, dont l'emploi est si facile, est si peu répandu en ce pays, que l'on voit beaucoup de propriétaires éprouver des pertes considérables sur leur bétail, faute de cette dépense.

Le printemps, époque la plus féconde en météorisation, laisse chaque année de tristes souvenirs aux fermiers et métayers ; il est vrai, cependant, que l'ammoniaque et l'éther sont souvent employés, réussissent même, mais, souvent aussi, on n'est plus à temps pour faire prendre ces breuvages. L'animal est couché, râle et ne peut plus rien absorber, il va mourir. Dans ce cas, un trocart, très fa-

cile à manœuvrer, fait rentrer dans l'écurie une
bête déjà condamnée.

Un des printemps derniers, sur une génisse mé-
téorisée, j'ai vu essayer les lotions d'eau froide sur
les reins, rien ne réussissait et la météorisation
était devenue tellement forte que la peau au-dessus
des reins se trouvait soulevée ; alors, prenant un
trocart, je fis la ponction du rumen ; l'odeur qui
s'échappa par l'ouverture pratiquée fit reculer le
propriétaire, qui doutait du succès de l'opération ;
j'attachai le tube du trocart et le gaz sortit librement ; au bout d'une heure je retirai le tube, je la-
vai bien la plaie, la graissai et ordonnai la diète et
les boires blancs ; quelques jours après, cette génisse était réintégrée dans le troupeau. Sans le trocart, il aurait fallu constater la perte de cet animal.

La météorisation est une indigestion gazeuse,
c'est dans le rumen qu'elle a lieu. On reconnaît
qu'un animal est météorisé par le gonflement du
flanc gauche. Il est triste et ne mange pas, il se
couche, se roule : c'est la dernière période du mal,
car si on ne le soigne pas immédiatement, il ne se
relève plus.

Quand on s'aperçoit qu'un animal est météorisé,
que la maladie est à son début, on peut lui faire
boire 15 à 20 grammes d'ammoniaque ou d'éther
dans un verre d'eau ; mais si la maladie est avancée,
on ne doit pas perdre son temps à ces préliminai-
res ; on opère la ponction du rumen, parce que
l'animal pourrait succomber avant que ces boissons aient fait leur effet. En tous cas, si les pro-
menades et les lotions d'eau froide sur les lombes
ne suffisent pas, il est indispensable d'employer le
trocart.

Pour opérer la ponction du rumen, on se place
sur le côté gauche de l'animal, on met le petit
doigt de la main gauche sur la dernière côte, le
petit doigt de la main droite sur la pointe de la

... deux pouces sur ...
... les jambes que l'on ...
... on marque le point où ...

... faut craindre de trop s'approcher ...
... mais où on ne s'approche jamais ...
... peut même opérer la ponction ...
... des parties molles et très bien réussir ...
... ayant été déterminé, on fait une incision à ...
... au moyen d'un couteau pointu ou ...
... on enfonce dans cette incision, longue d'...
... où glisse la pointe du trocart, et on ...
... appuie fortement pour que l'instru-...
... puisse entrer ; alors on retire la lame du ...
... en laissant la canule dans le corps de l'an...

... maintenant les gaz s'échappent et l'animal est ...
... facilité la sortie du gaz en débouchant ...
... de temps la canule qui se trouve obstruée par ...
... les aliments. On retire l'appareil quand la météori-
... est dissipée.
... Quelquefois il n'y a pas seulement indigestion ...
... gazeuse, il y a aussi indigestion d'aliments ; alors
... l'ouverture pratiquée doit être plus grande et on
... a soin d'en faire sortir des aliments. Il ne faut pas
... vider la panse, mais seulement en retirer la valeur
... de ...
... si la plaie occasionnée par l'opération est
... grande, on peut la coudre. Il faut l'entretenir
... toujours bien propre et bien graissée, car si les
... parties s'agglutinent, tout le fruit du premier travail
... enfin quelques jours de diète suffisent pour
... que l'animal reprenne sa place dans la ferme.
... Pour les petites bornées il ne faut pas craindre
... de piquer ; il n'y a qu'à mettre sur la canule d'un ...
... trocart ordinaire ... d'une dimension convena-

... On se servira du petit trocart dont ...

[illegible] se sert pour [illegible]
[illegible] l'on ne possédait pas [illegible]
[illegible] que l'on ne doit pas [illegible] à douter
[illegible] ; voici ce qui m'est arri[illegible]
[illegible] mai 1858, me trouv[illegible] près [illegible]
[illegible] couché et sur lequel [illegible]
[illegible] résultat, l'ammoniaque et l'étou[illegible]
[illegible] pas de trocart, je fis une [illegible]
[illegible] et j'opérai la ponction [illegible]
[illegible] roseau dans l'ouvertu[illegible] qu[illegible]
[illegible] heure de travail le b[illegible]
[illegible] un mois après, était au trav[illegible]
[illegible] pour se guérir, bass[illegible]
[illegible] deux coups de [illegible]
[illegible] peau et le rumen [illegible]
[illegible] prix d'un trocart n'est pas si élevé [illegible]
[illegible] 10 et 15 francs, suivant sa grandeur et
[illegible]ture. On en trouve chez [illegible]forgue [illegible]
[illegible] à Alger.

[illegible] (Extrait de la *Revue agricole et horticole de
l'Algérie.* — 185[illegible].)

[illegible] — Dans le cas de m[illegible] on [illegible]
[illegible] emploie avec succès les [illegible]
[illegible]ture de chaux[illegible]

[illegible] précautions hygiéniques empêchent [illegible]
[illegible] de se produire. Il y a des [illegible] où [illegible]
[illegible]térisation sont très rare[illegible]
[illegible] les moutons, on a conseill[illegible]
[illegible] le troupeau, d'autres personnes [illegible]
[illegible] de le faire passer dans un courant d'eau
[illegible]ralement, dans un troupeau [illegible]
[illegible] grave lorsqu'il se produit. C'est [illegible]
[illegible] du berger qui est [illegible]
[illegible] passée ou qui a été sur [illegible]
[illegible]ines de crucifères.

Nature des gaz développés par la météorisation
chez le............................

	BŒUF	MOUTON
C O²	74 33	76
Hydrogène protocarbonné.......	23 46	»
Az..................................	2 21	»
	100 00	»

(1867) JULES REISET,
agriculteur, Seine-Inférieure.

De la mise-bas
chez les animaux domestiques

La parturation chez les animaux domestiques en
stabulation est accompagnée souvent de la non-
délivrance.

Il est d'abord bon de donner un boire tiède ré-
confortant après le part, aussi un peu de vin
chaud.

Une pratique dans l'ouest de la France consiste,
si la jument ou la vache n'a pas délivré 24 heures
après le part, de lui administrer du levain de pain
dans de l'eau tiède.

Il convient quand même de tenir les animaux au
régime et si, du huitième au neuvième jour, la délivrance n'a pas encore eu lieu, il faut administrer
de 75 à 100 grammes de sabine ou de rue délayée
dans un demi-litre de vin et un demi-litre d'eau.

Errata

Page 96. — Dans le tableau, les qualités du fumier de porc ne sont que *froids à mélanger aux précédents*; ce qui suit se rapporte au fumier de lapin.

BIBLIOGRAPHIE

—

G. Heuzé. — Cours d'agriculture en 12 volumes.

F. Lecoq. — Traité de l'extérieur des animaux domestiques.

Hardy. — De la taille des arbres fruitiers.

Richard. — Études du cheval.

Rossignon. — Chimie agricole.

J. Bœnsch. — Guide de l'apiculteur en Algérie.

Hamet. — Des abeilles.

J. Vallier. — Calendrier du cultivateur algérien.

Bourlier. — Revue agricole et horticole de l'Algérie.

Cours d'agriculture de l'école de Grignon.

Bulletin de la Société d'agriculture d'Alger.

Bulletin de la Chambre consultative d'agriculture d'Alger.

Diverses publications agricoles.

TABLE DES MATIÈRES

TRAVAUX MENSUELS :

Climatologie, grande culture, eaux-et-forêts, vigne,
orangerie, mûriers et oliviers, animaux, potager,
fruitier, fleuriste, divers. —

Pages

RENSEIGNEMENTS

UTILES À CONSULTER

Et répondant à tous les besoins des personnes
habitants la ville et la campagne.

———

Architectes, articles de chasse, assurances, bijouterie, bois, coutellerie, construction et réparation de machines, chaudronnerie, commissionnaires, denrées coloniales et épicerie, droguerie, entrepreneurs divers, entrepôts, experts divers, fers, géomètres, ingénieurs, meubles, norias, peausserie, pharmacie, quincaillerie, vannerie, verrerie, etc., etc.

BRIQUETERIE MÉCANIQUE DE PELIZARI

BRIQUES CIRCULAIRES

Brevetées S. G. D. G.

S'EMPLOIENT LES UNES DANS LES AUTRES

CUVES, TUNNELS, BASSINS, ARCEAUX, ETC.

de 1 m. 50 à 4 m. de diamètre

Ces briques, d'un nouveau modèle offert au public, donnent une grande économie pour les emplois précités.

La solidité des récipients faits avec une seule épaisseur de ces briques est actuellement démontré par les cuves à vendange existant, depuis plusieurs années déjà, chez M. Martin, à Crescia, chez MM. les Trappistes, à Staouéli, M. Lamoyrouse, à Birtouta, et plusieurs autres propriétaires de Chebli, Bouinan, Soumah, etc., etc.

Les avantages de ces cuves sur les foudres en bois, et même sur les bassins en maçonnerie, sont tellement nombreux, que les propriétaires précités ne veulent plus d'autres récipients que ceux faits avec ces briques circulaires.

Ces briques, dont la courbure intérieure mesure 25 centimètres de développement sur un centimètres de hauteur sur 13 centimètres de largeur, sorte que pour les cuves

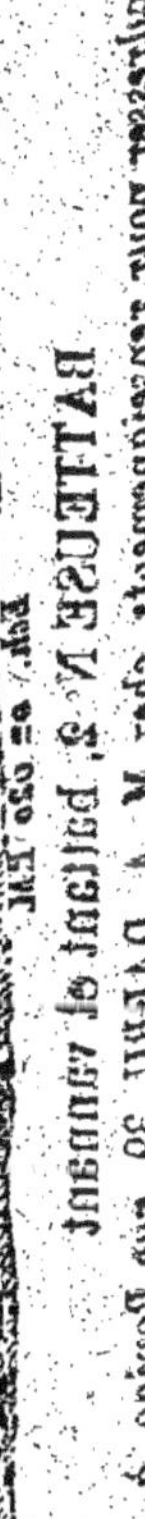

mètre 50 cent. de diamètre il faut 4 briques

$$\frac{25}{36}$$

Ces briques sont livrables, en gare du Gué-de-Constantine, à **175** francs le **mille**, et portent le nom de l'inventeur.

S'ADRESSER CHEZ

M. PELIZARI, au Gué-de-Constantine, près Alger.
M. DARRU, rue Rovigo, 39, à Alger.

BATTEUSE N° 2, battant et vannant

S'adresser pour renseignements, chez M. A DARRU, 39, rue Rovigo. à Alger.

DISTILLERIES PERFECTIONNÉES